收放自如才是家

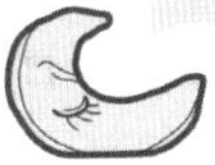

设计·收纳·清洁 全攻略

吴希塔 著

广西师范大学出版社
·桂林·

图书在版编目(CIP)数据

收放自如才是家 ：设计 · 收纳 · 清洁全攻略 / 吴希塔著 .—桂林：广西师范大学出版社，2021.5
ISBN 978-7-5598-3623-6

Ⅰ . ①收… Ⅱ . ①吴… Ⅲ . ①家庭生活－基本知识
Ⅳ . ① TS976.3

中国版本图书馆 CIP 数据核字 (2021) 第 027571 号

收放自如才是家 ：设计 · 收纳 · 清洁全攻略
SHOUFANG ZIRU CAISHI JIA：SHEJI · SHOUNA · QINGJIE QUANGONGLUE

责任编辑：季慧
助理编辑：孙世阳
封面设计：康小杭
版式设计：康小杭　马　珂
广西师范大学出版社出版发行
(广西桂林市五里店路 9 号　　邮政编码：541004
网址：http://www.bbtpress.com)
出版人：黄轩庄
全国新华书店经销
销售热线：021-65200318　021-31260822-898
恒美印务（广州）有限公司印刷
(广州市南沙区环市大道南路 334 号　邮政编码：511458)
开本：787mm × 1 092mm　1/32
印张：11.25　　字数：150 千字
2021 年 5 月第 1 版　　2021 年 5 月第 1 次印刷
定价：88.00 元

推荐序

须原浩子

日本一级建筑士
室内设计师
整理收纳咨询师认证讲师
东京电台收纳女王
日本收纳界权威
出版多部著作
监修多部书籍

"我总是在找东西。"
"房间收拾好后马上又乱了。"
"打扫房间太麻烦。"
"我每天都很忙。"
…… ……

你每天都会因为这些问题而无法随心所欲地生活吗？很多人选择通过读书来学习正确的整理方法，但因为整理这件事本身很麻烦，大部分人还没有找到真正重要的和对生活有用的信息就半途而废了。但是，本书通过有趣的插图详细地阐述了整理的方方面面，让你对自己每天应该做些什么一目了然，自然而然就会想要照着书中的内容尝试着做一下。

那些不知道该从哪里着手的朋友，请随意翻阅本书。无论你翻开哪一页，都可以跟着尝试，所以请挑战一下吧。

只要努力，就一定会有结果的。尝试之后，你的家会更整洁、更美丽，你也会更开心。让我们时常翻开这本书，一次次地跟着它去实践吧！

我愿和大家一起支持希塔！

须原浩子

我喜欢纯粹的东西，
我不喜欢酒里掺水。
我也这样对待我的生活。

——杜尚《语录杜尚》

什么是文艺复兴的精锐？
即对生命的兴趣，对生活的兴趣，对人的兴趣。

——木心《文学回忆录》

自序

最初，我在微博上分享这些家居美学、收纳和清洁的内容。在那里，我结识了许多朋友，我们常一起探讨和思考关于家居的各种问题。

时间长了，我便萌生了一个想法，为何不以一种有趣的、便于阅读的方式来展现这些生活的技巧和方法呢？于是我开始执笔付诸行动，《收放自如才是家》就是这样产生的。

构建一个家不容易。

家务事也只是重复着做，一日又一日。

如茶，如咖啡，

让我“苦”着，也爱着，享受其中。

在 20 年的设计生涯中，
我渐渐发现我的生活与工作是相似的——
展示、收纳、储藏、动线规划……

于是，我把家当作试验室，尝试着如何才能做到轻松地做清洁，
合理地收纳，并规划出便捷的生活动线。
这便有了本书的四个篇章
——设计篇、整理·收纳篇、清洁篇和番外篇。

设计篇

设计的捷悟

- 刚拿到新房，头脑一片空白？
- 设计师设计的方案和你想的不一样怎么办？
- 怎样设计才能让房子在入住后更好用？

整理·收纳篇

收纳的巧艺

- 衣帽间刚收拾好，为何一找衣服就乱套？
- 卫生间潮湿，头发、各种霉斑为何甩不掉？
- 厨房堆满了锅碗瓢盆，有的小家电竟还没有使用过？
- 儿童房遍地是玩具、纸张，如何应对这每天都要面临的“灾难”？

清洁篇

洁净的奥秘

- 为什么用遍了清洁剂，厨房却还是油腻？
- 买了各种拖把，地砖缝为何依旧很脏？
- 水龙头为何用了几次就生水垢了？
- 烧焦的锅洗起来怎么这么麻烦？

番外篇

余外的话题

- 合理的装修流程是怎样的？
- 家里除了日常清洁还需要消毒吗？该怎样消毒？
- 我们该为一些可能遇到的突发状况做怎样的准备呢？

在书里，我介绍了自己多年的家居和设计经验，请将其看作是一些生活提案和建议吧，如果能给大家的生活品质带来一些提升，我将十分荣幸。

希塔

2020 年 3 月 22 日

目录

设计篇

整理·收纳篇

清洁篇

番外篇

后记

设计篇

玄关的设计

在我心里，一个好的玄关是什么样子的呢？

首先，它要能起到缓冲外部污染的作用；其次，它的功能要齐全，所有进出门的动线都要流畅，在玄关就能完成整个动线上的流程。

所以，如果能在进门的位置规划一个储藏间，收纳就完全不是问题了。右页中的这个储藏室其实很小，只有 1.5m²，却解决了进门后所有物品收纳的大问题。

一个功能齐全的玄关是这样的。

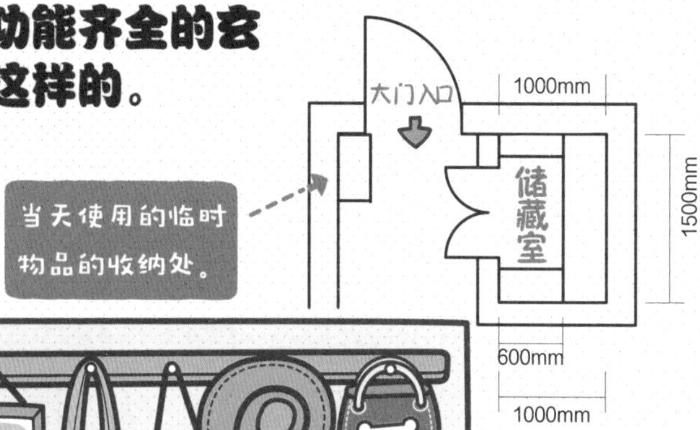

很多家庭入门处的墙面太窄，不适合做柜子来收纳，那就把这面墙规划成每日临时用品的放置处，但要控制这块地方的物品数量，放置当天用的包包、帽子、书包、钥匙这几件小物就可以了，太凌乱的物品还是直接放进储藏室收纳。

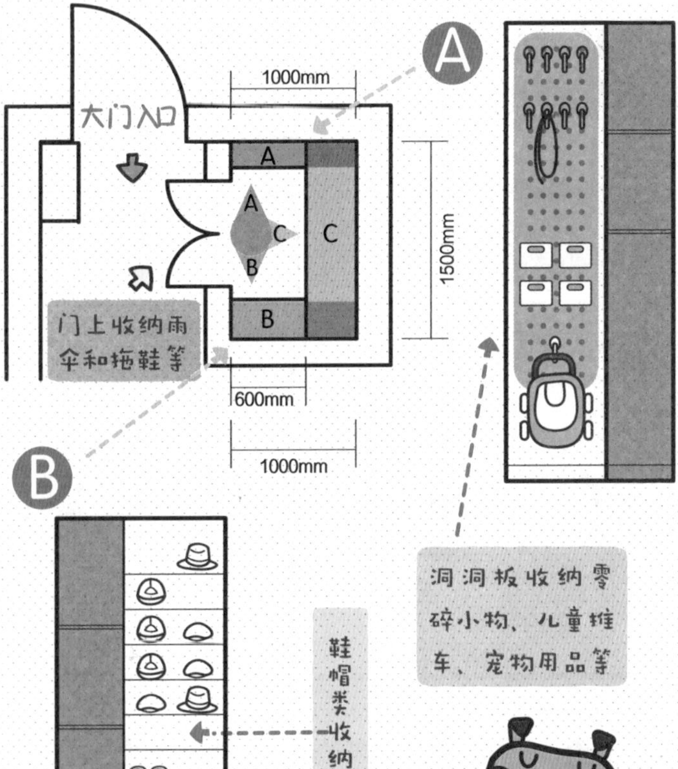
大门入口
1000mm
A
A
C
C
B
B
1500mm
600mm
1000mm
门上收纳雨伞和拖鞋等
A
B
洞洞板收纳零碎小物、儿童推车、宠物用品等
鞋帽类收纳区

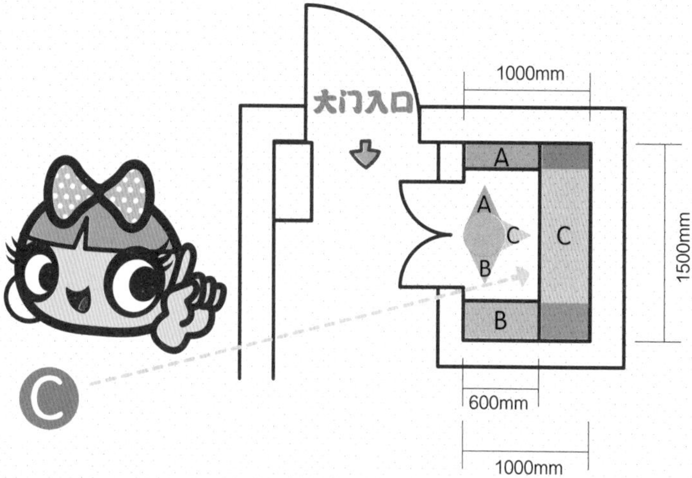
C
大门入口
1000mm
A
A
C
C
B
B
1500mm
600mm
1000mm

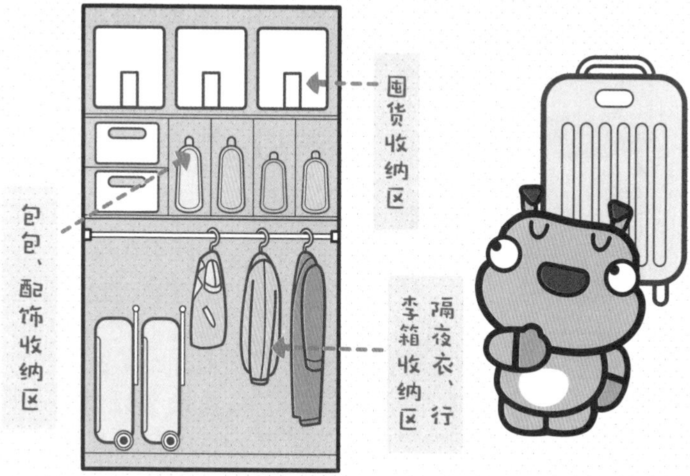
囤货收纳区
包包、配饰收纳区
隔夜衣、行李箱收纳区

很多家庭没有这样的空间，怎么办？

别着急，我们有相应的解决方法。
不管空间大小，你不能什么都摆进去，比如，很多家庭有两三台儿童推车，有的占地面积非常大，如果全摆进去就需要超大的空间，因此，取舍、减物、归类，按照收纳原则，先整理再收纳是必要的。

下面我们按几种情况分类讲解：

一、玄关特别小或没有玄关

这种情况我们必须精简物品，只保留常用鞋、拖鞋、出门携带的小物、工具和常穿的外衣及帽包。

记住两个原则：

①能收进柜子的，不留在外面。

②能悬挂起来的，不摆在地上。

二、有一定空间或可以借用部分其他空间的玄关

如这样的户型，入口处虽小，但往里走很开阔，这样可以利用餐厅空间结合餐边柜一起完成玄关处收纳。

狭窄面可以设计成鞋帽、包包、小物的收纳区，宽阔面和餐边柜结合后给隔夜衣等大件物品留出空间。

三、有完整的玄关空间

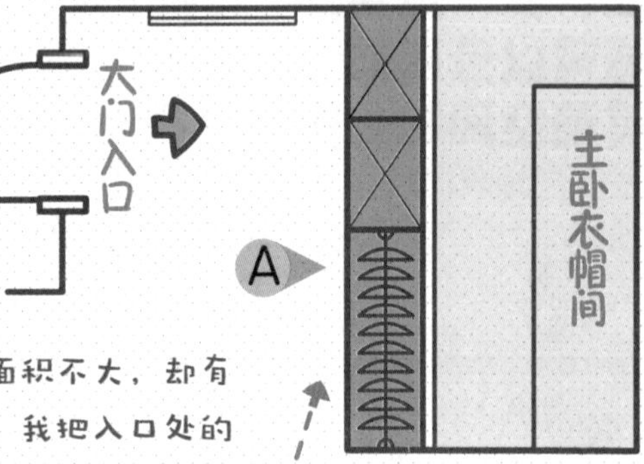

我买的第一套房子面积不大，却有一个很完美的玄关，我把入口处的非承重墙和隔壁的主卧打通，做成了背靠背的柜子，面朝玄关的是一组玄关柜，而主卧一侧是个衣帽间。

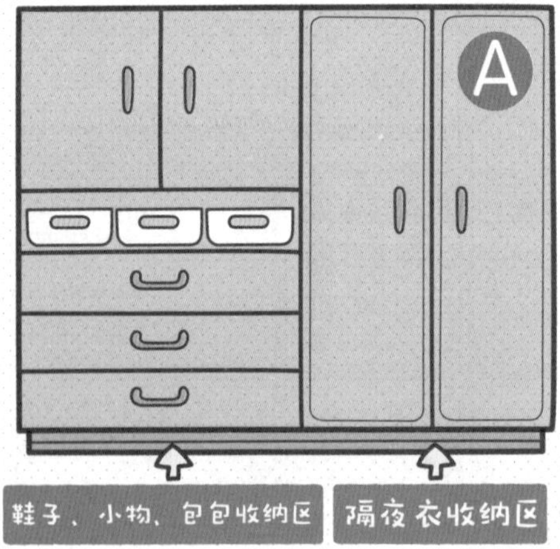

我在这套房子里住了7年，后来换了几次房子，但因为太喜欢这个设计，于是全都按这个样式设计了。即便后来的房子都没有这么好的先天条件，我还是坚持一定要有鞋柜区和隔夜衣区。

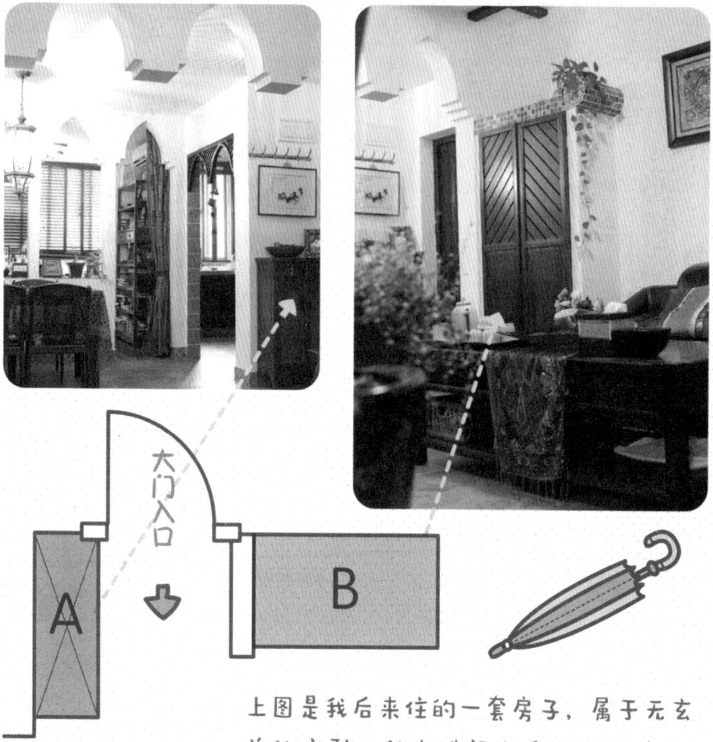

上图是我后来住的一套房子，属于无玄关的户型。我在进门右手边（A）放了一个自己设计的小鞋柜，上面安装了挂钩来悬挂小物；在左手边做了一个拱门造型，设计了一个别致的小衣橱（B）来收纳隔夜衣，这样完全满足了进门物品的收纳需求，同时还不失美观。

这是我现在的屋子，也是进门就是餐厅，我在进门右手边硬挤出一个鞋柜，将左边楼梯下方的空间封闭后变成储藏室，虽然小，但衣物、杂物、打扫工具都能收纳进去。

我在给客户做家装设计时也经常会使用这两个区域，很多人一开始很抗拒，觉得摆一个美美的鞋柜、弄几个挂钩挂衣服就可以了，简洁又漂亮。但我每次都会说服他们，一定要遵循“能收进柜子的绝不留在外面，能悬挂起来的绝不摆在地上”的原则，后来他们都有了功能齐全的玄关。

小贴士：

①鞋柜要根据家人的脚仔细测量，因为玄关的空间一般都不宽裕，所以有时须精确到厘米。每一层太高会使收纳层减少，从而浪费纵向空间，太低又不便于收纳，所以建议在鞋柜两侧打孔做可调节层板或安装 AA 条，这样调节起来也很方便。

（图片：@娜酱妈咪）

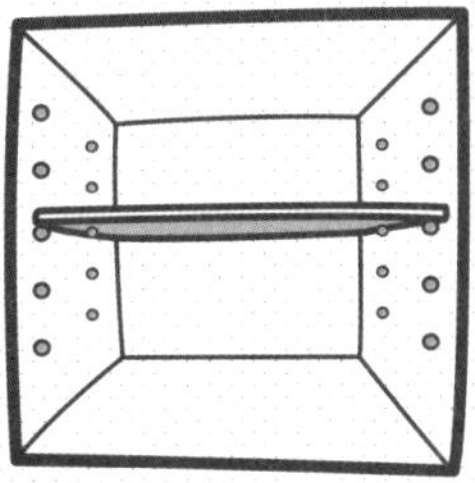

②鞋柜需留出收纳保养鞋子用具的空间。
鞋柜不要全部用门关上，下面两层做成开放式，便于常用鞋的存放。

③尽量不要做斜插式和翻斗式鞋柜，根本摆不了多少鞋，而且厚一点儿的鞋无法收纳，还容易把鞋头擦坏。这就是想象美好、现实残酷的典型案例。

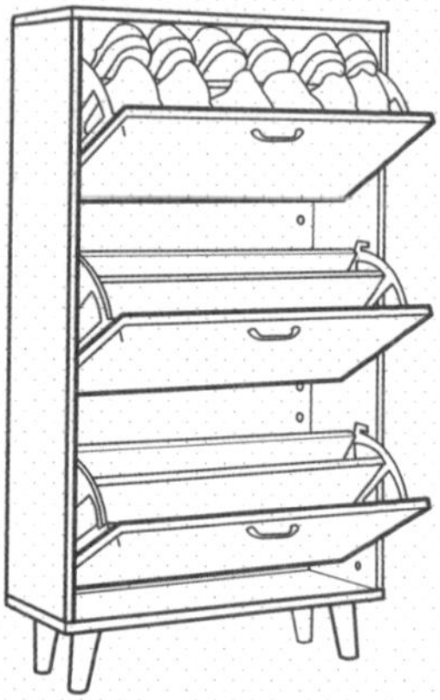

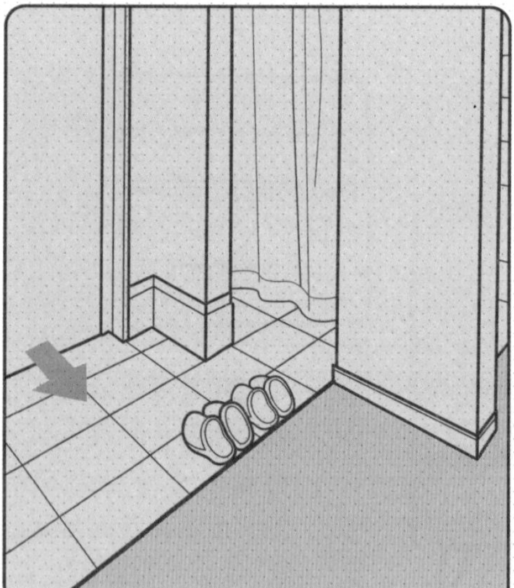

④玄关进门的地方做成下沉式，和室内地面形成高差，这样能隔绝更多的污染物。

鞋柜建议尺寸

亚洲成年	男性	女性
大约脚长	30cm	25cm

鞋柜的进深以 35cm 为最佳，如有鞋盒为 40cm，内径宽度则不低于 70cm。

高度 cm

拖　鞋	18
平底矮帮鞋	20
高跟鞋	20
短　靴	20~25
半筒靴	30
长筒靴	40~60

餐厅的设计

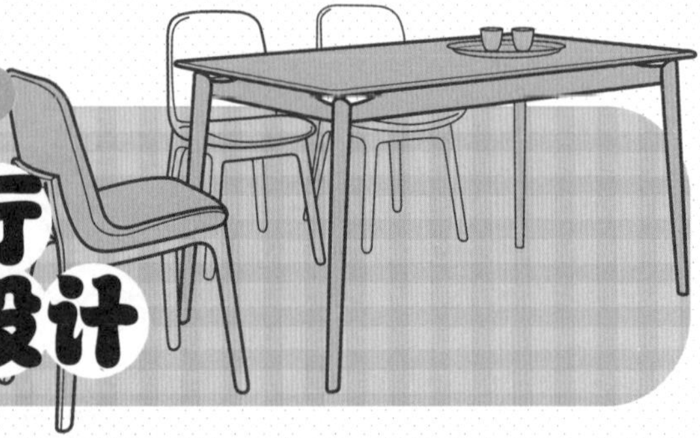

我的餐厅

说到餐厅，大家立刻会想到一张餐桌。

餐桌凝聚了一家人最珍贵的时光，无论雨的清晨还是风的黄昏，都在此相聚，尝四时的季味，聊喜泪的得失。谁都不希望家中的餐桌变成杂物台，吃饭时还要专门收拾出来。很多家庭的餐桌甚至因为摆放的杂物太多，连吃饭时都用不了。台面无物或只有少许赏心悦目的装饰才是我们想要的。

（图片：@娜酱妈咪）

我一直喜欢日式餐厅和厨房的关系，他们喜欢用双“一”字形开放式厨房，靠餐厅的那面直接和餐桌相连，这样餐桌除了可以用餐，还可以是孩子的写字台、游戏桌。

（图片：@娜酱妈咪）

父母在厨房做饭时，可以和孩子互动，孩子也不会离开父母的视线；而外侧的“一”字形下柜可起到餐边柜的作用，餐桌因此可以完全达到台面无物的状态。

但国内很多户型的厨房不能做到全开放式，还有的家庭担心油烟，不会选择全开放式。其实可以折中一下，设计成“可开可合式”厨房，采用大面积的可移动玻璃窗。这样，烹饪时可以观察到孩子的一举一动，推开窗就可以与孩子互动。朝向厨房的一面可以设计台面等收纳空间充当餐边柜。

像我家这种餐厅完全不能和厨房结合的户型，可以在餐厅合适的位置设置大容量茶水台。

如我家

我家的这个茶水台就是把卫生间墙面向后推了60cm而得到的，上面设计吊柜，下面设置大容量抽屉，别看占地面积不大，但容量真不小。

合适的餐边柜也能起到同样的作用。
我建议购买类似右图这种餐边柜，或者在餐边柜上方设置定做吊柜，这样不会浪费纵向空间。
餐边柜下方的抽屉结构比层板结构更利于收纳。

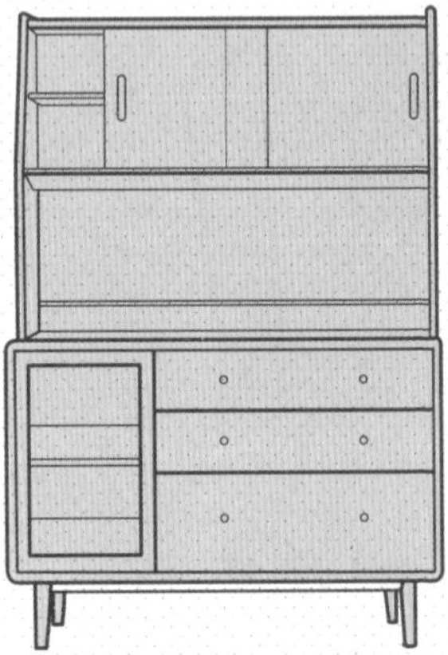

希塔家的新茶水台

我们也可以选择半藏半露结构的餐边柜：三分之一的开放式，拿取物品更便捷；三分之二的隐藏式，配合收纳盒存放低频使用物品。

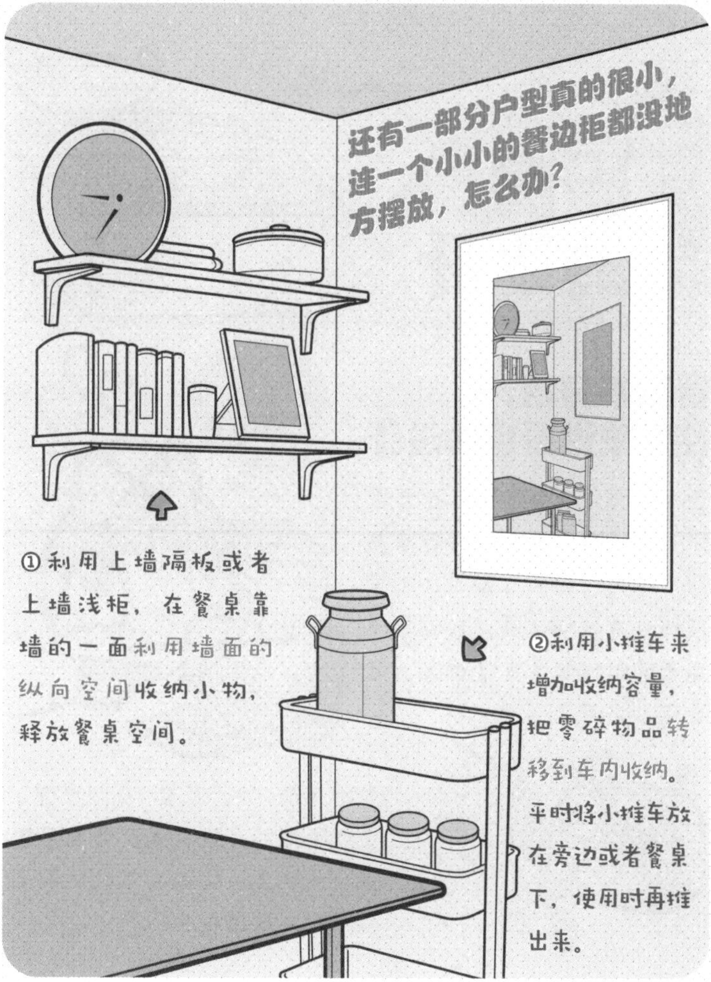
还有一部分户型真的很小，连一个小小的餐边柜都没地方摆放，怎么办？
①利用上墙隔板或者上墙浅柜，在餐桌靠墙的一面利用墙面的纵向空间收纳小物，释放餐桌空间。
②利用小推车来增加收纳容量，把零碎物品转移到车内收纳。平时将小推车放在旁边或者餐桌下，使用时再推出来。

厨房的设计

餐厨不分家，接下来讲厨房的设计。

厨房怎样设计才好用？这真是个千古话题。无数的设计类书籍、各大网络平台都写了种种技巧、方法和工具，我在写这本书的时候也考虑了很久，究竟该怎么写？

在写之前，我还是要“老调重弹”：寻找厨房的收纳痛点。只有将痛点一一列出，才能真正解决厨房的一系列后续使用问题。

刚装修好的厨房，我敢说没有哪家是不美的，清洗区—备菜区—烹饪区，家家的动线都不会有问题，橱柜商在这条动线的设计上已修炼得炉火纯青。可一旦住进去，问题就慢慢凸显出来了。

杂粮、面粉、大米等囤货哪儿哪儿都是，临时做个面包都没合适的地方放置。

每天用的小家电占用了备菜区的位置，但每次用完就把小家电收进柜子也不现实啊。

碗碟和锅铲都收纳在煤气灶下的拉篮里，烧饭的人老是和拿碗碟的人打架。

常温菜没地方放，铺了一地。

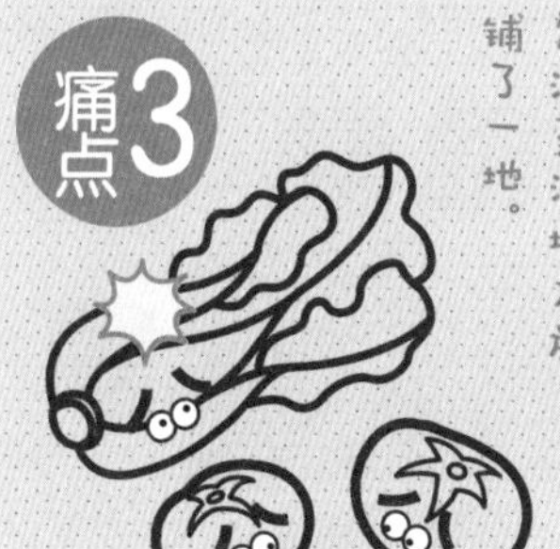

看着厨房面积挺大，动线也很完美，怎么还是不好用呢？
其实不是地方不够，而是设计的位置操作起来都不方便。

其实解决这些问题很简单，
设计集中收纳区。

先来看看我朋友家的厨房，这个区域就设计得特别好。

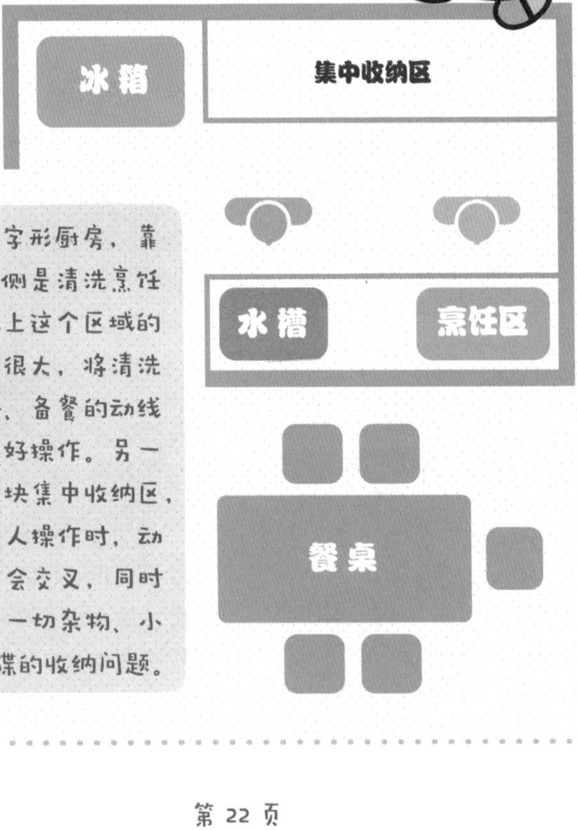

双“一”字形厨房，靠餐厅的一侧是清洗烹饪区，实际上这个区域的面积无需很大，将清洗区和烹饪、备餐的动线拉近会更好操作。另一侧补充一块集中收纳区，这样两个人操作时，动线完全不会交叉，同时还解决了一切杂物、小家电、碗碟的收纳问题。

（图片：@娜酱妈咪）

集中收纳区

但很多人家都没有这样的户型条件，怎么办呢？

利用窄面挤出集中收纳区。

我父母家的厨房就是被我这样挤出了一个集中收纳区。我把原厨房的入口往中间挪了一点儿，左边就留出了一个 35cm 宽的空间，这样正好可以做一排上下柜。

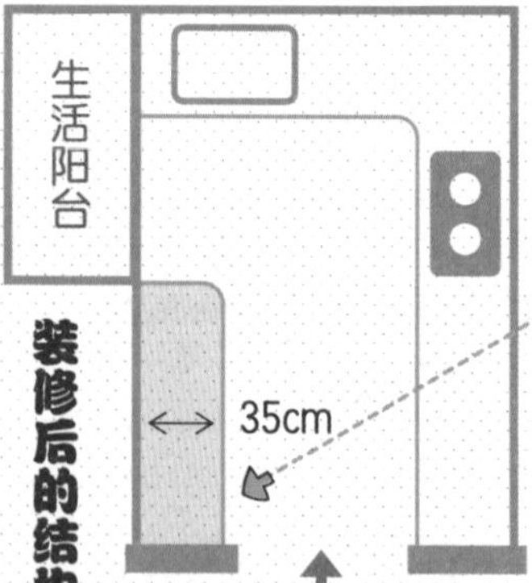

上柜收纳杂粮、干货和囤货。

台面可以放置各种常用小家电。

这样的一个集中收纳区就解决了厨房所有的收纳难点，宽度仅仅需要 30cm。

还空出了地方放置灵活的铁架，可别小瞧这个铁架，它的上部可以放置烤箱、微波炉，下部可以放置蔬菜篮，收纳常温蔬菜。

下柜收纳米面和小工具。

这样宽 30cm 的空间在我家也同样出现了，我把碗碟柜、小家电、常温蔬菜集中在此。

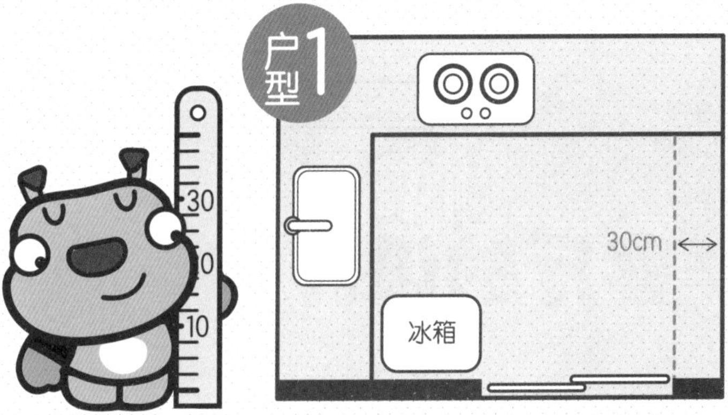

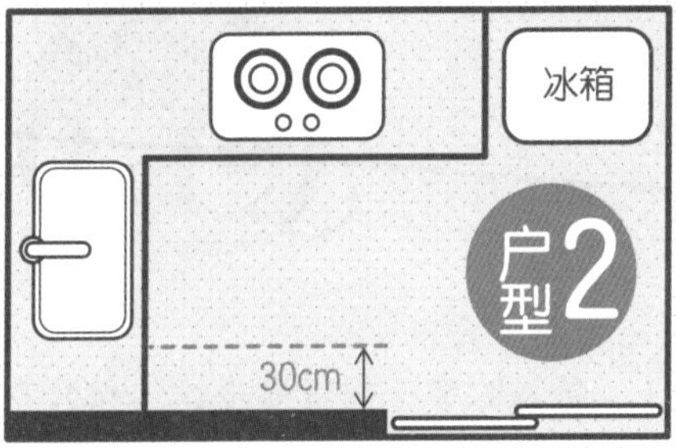

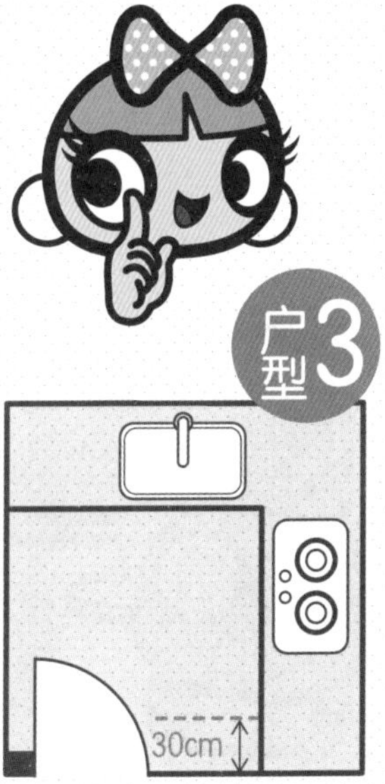

其实很多户型的厨房都能挤出这样的空间，宽 30cm 的一整面墙，带给我们的是使用感完全不同的厨房。动动脑筋，在你的家中寻找一下这个黄金 30cm。

客厅的设计

现在的客厅还需要电视吗？

随着手机、平板电脑、投影仪的普及，其实现代人看电视的时间越来越少了，那我们为什么不舍弃电视，把客厅打造成自己喜欢的空间呢？

我家的客厅就没有电视，我只在客卧放了一台小电视。因此孩子很少看电视，我也可以在释放出的客厅空间陪他读书、做游戏、做手工。我还在客厅放了一张容量超大的斗柜，用来收纳家里一切零碎杂物和药品等，再把斗柜的台面布置成我喜欢的样子。

家中的斗柜容量很大，收纳了很多零碎物品。

我家的客厅也没有笨重的茶几，一只可收纳布艺的圆形小茶几安放在角落就完全够用了。要知道，茶几越大，摆放的零碎物品可能就越多。

为什么不把零碎物品收纳在柜子里呢？茶几台面清爽无物的感觉多好。

客厅里我最喜欢的就是这个黑板墙。我们会根据季节改变黑板墙的主题，四季轮转，画面更迭。下半部分的高度正好适合年幼的孩子写写画画。小墙面，大乐趣。

其实大部分人家中的客厅横宽都有限，因此我不喜欢再用大柜子占用这有限的面积。如果天长日久地生活在狭窄的空间里，心中难免会觉得压抑，所以谁能抗拒宽阔舒适的大空间呢？把客厅布置得简单、空旷一些，人的感受也会不一样。

要学会释放这个家人活动最频繁的区域，让本就不宽余的空间直接服务于人，而非物品。

这是我家中工作室的小厅，这样环绕式的围合空间特别适合人多的家庭。家人围在一起聊聊天，陪孩子玩玩游戏，何乐而不为呢？

客厅一定要有沙发吗？

书柜加大桌子的配置也很值得推荐，这样客厅就变成集书房、客厅、茶室、游戏桌、书桌等功能于一体的空间了，你随时可以将其变换成自己需要的样式。喜欢的尝试一下吧。

客厅可以是儿童游戏室，可以是琴房，也可以是手工爱好者的天地……静下来想一想，这个空间怎样布置才是自己真正需要的。

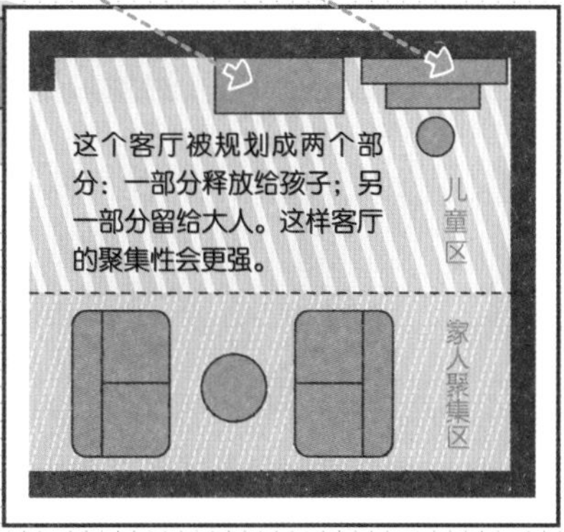

其实客厅的配置还可以有很多变化，根据自己的需要来设计会更好。现代家庭、朋友聚会大都选择在外面，实在没有必要为一年中偶尔用到的那几个功能而放弃自己真正的需要。

书柜建议尺寸

深度 cm

内径：普通书，24cm；如有画册，26cm。进深太深，书在摆放时会缩在后面，反而不好看。

普通书	24
大一些的书	26

高度 cm

高度：普通书，25cm；大一些的书，30cm；有些画册的高度会达到 31cm，此时不能低于 32cm。

普通书	25
大一些的书	30
画册	32+

『工』字形设计

小贴士

书柜的横跨一定不能太长，否则横板容易弯，会很难看。书柜最好设计成“工”字形，这样交错的竖档就避免了横档的弯曲。如果不是“工”字形，横档长度不要超过 60cm。

卧室的设计

卧室一定是可以好好睡觉的地方，不能堆满衣服、配饰等杂物。要把这些管理好，我们就需要合理的收纳空间和收纳动线。

一个使用方便且动线流畅的卧室是怎样的呢？

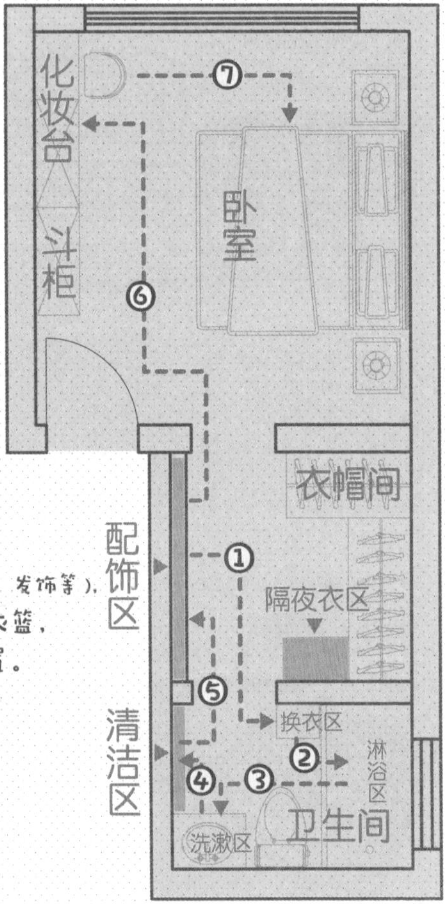

回想一下睡前的整个动线吧。

准备洗澡

①卸除一切配饰（首饰、发饰等），需要洗的衣服放进脏衣篮，继续穿的衣物单独放置。

②洗澡。

③继续洗漱。

④简单打扫浴室。

⑤浴袍换睡衣。

⑥进卧室保养皮肤。

⑦上床睡觉。

上页讲的动线不能乱，要减少反复交叉，不然就会浪费精力。要做到这些必须要好好规划，每个区域都不能忽略。利用进深窄的墙面设置配饰区、清洁工具收纳区，利用窄柜设置隔夜衣区，别小看窄柜，一个窄柜如果利用得好，收纳能力会大大提高，很多杂物、小物都能收纳得井井有条。

上页所示的配饰区进深只有15cm，但利用好这15cm，装上洞洞板和挂钩，这里就会成为收纳常用配饰和睡衣的好地方。

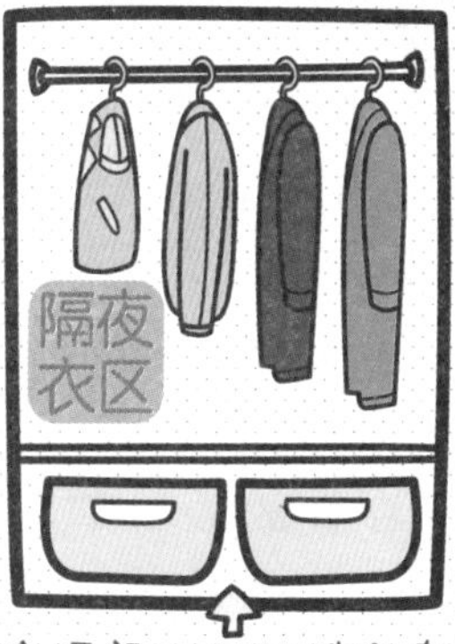

衣帽间一侧的进深有限，但设置成开放式隔夜衣区就很适合。

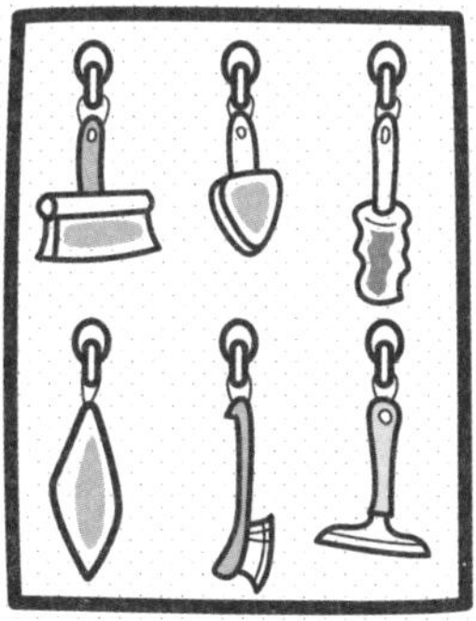

卫生间门背后的墙面装上挂钩，会变成收纳清洁工具的绝佳之处，打造一个清洁区刚刚好。

清洁区

我觉得卧室除了衣帽间或者衣柜，还需要规划出一个空间放置斗柜。别小看小小的斗柜，容量还真不小，内衣、袜子、家居服，甚至床单、被罩都能收纳进去。

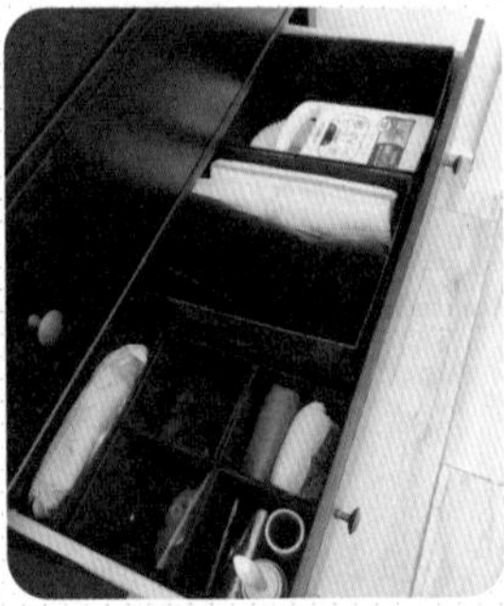

我也在卧室衣帽间外补充了一个斗柜，这样日常的衣服不用放进衣帽间就解决了。竖向收纳更整齐，而且衣物不会互相干扰。

除了斗柜还需要什么，才能让我们的卧室使用起来更顺畅呢？

一定不要忘记备一个床头的衣物篮，睡觉之前可以把毛衣之类的衣物存放在这里，这样卧室里就看不到堆放的衣物了，这比挂在门后更方便呢。

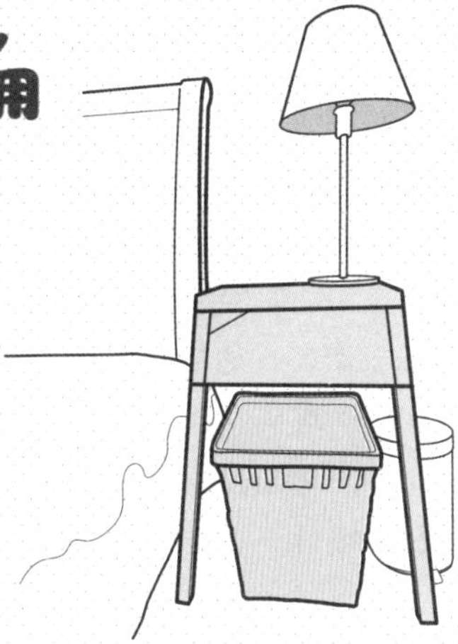

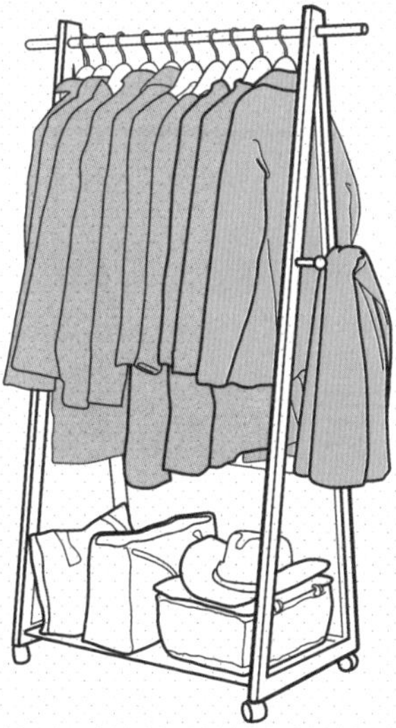

卧室也要备一个隔夜衣区。有衣帽间的可以单独开辟隔夜衣区，没有衣帽间的可以用这样的开放式衣架，上面挂衣服，下面用收纳篮收纳卷起来的裤子等。设置这样一个区域可以减轻收纳玄关隔夜衣的负担，把毛衣之类的非外套类收纳在这里再合适不过了。

很多家庭的卧室很小，放不下两个床头柜，那用什么方法替代呢？

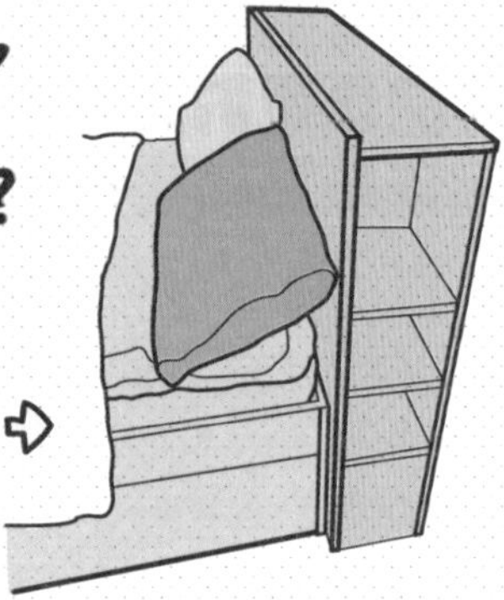

①这种情况完全可以借用床背后进深15cm的空间，做成后背式收纳空间。

这样的床头，上方可以摆一些小件，侧面可以放置书本、手表等物件。

②左右非对称式床头。床头两边其实不一定要对称，可以根据需要和空间大小来选择。

可以一边是梳妆台、斗柜，一边是床头柜；也可以一边是床头柜，一边是隔板；还可以一边是窄柜，一边是小推车。

各种变化
随心组合

➪ 衣柜的设计

传统衣柜一直问题多多

①分隔不合理

②抽屉不实用

③隔板位置不灵活

④挂衣无法调整

⑤板材太多，气味须长久挥发

我们先来看看传统衣柜的格局，这是个典型的例子。

传统衣柜

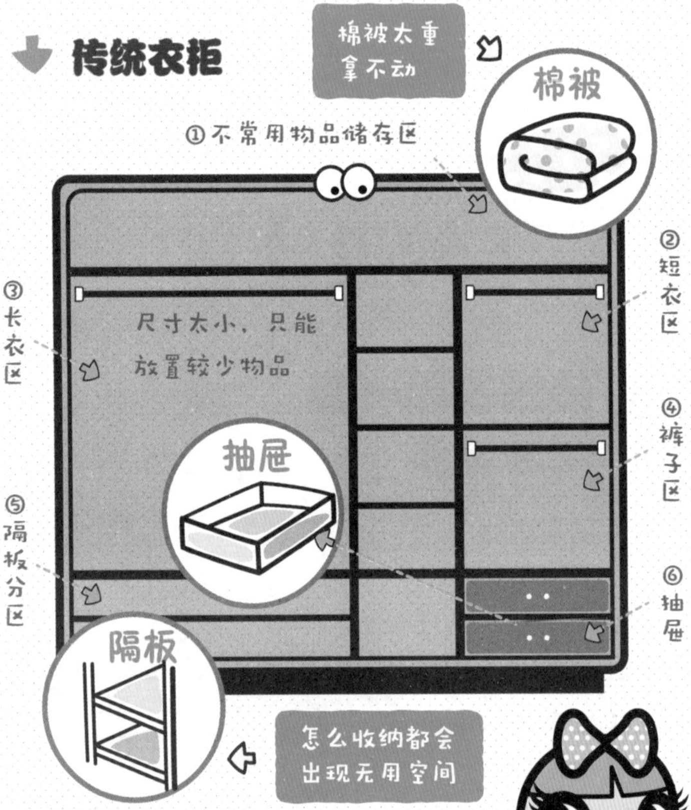

乍一看觉得还不错，
考虑得挺周到，但仔细分析
就不是这么回事了。

一般被褥放在较高的①不常用物品储存区，拿取不便。
②短衣区、③长衣区、④裤子区固定得太死了，没法变通。
⑤隔板分区放什么好呢？衣服叠放进去，拿出下层，上面就倒了，且柜子太深，浪费空间。
⑥抽屉就那么一两个，只能放置内衣、袜子，拿取还不方便。

是时候改变了！

改成什么样呢？其实只需要一个里面什么都没有的空柜子，柜门尽量选择折叠式的，这样不占地方，而且不会干扰内部空间。

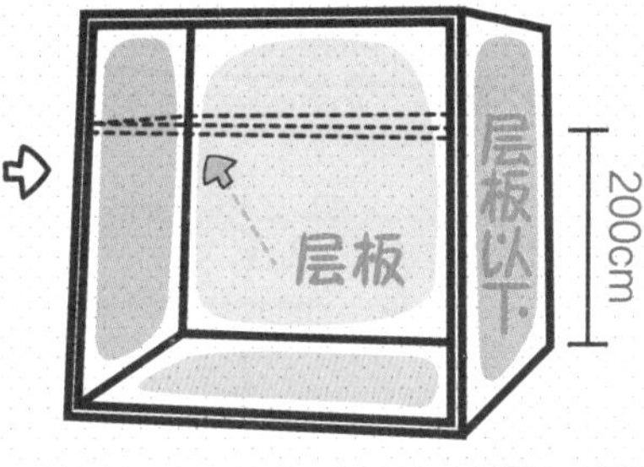

如果柜子太高可加层板，然后就可以自由发挥了。

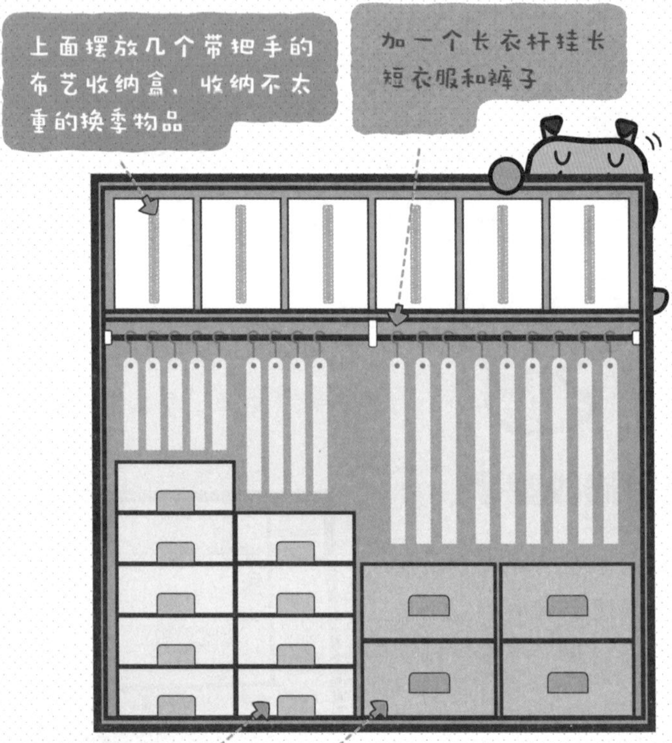

这样的空间很随意，里面的收纳工具都可搬动，可随衣物的变化而自由调整，而且板材用得少，能缩短新家的通风时间。

上面只是个范例，还可以买铁架自行组装。

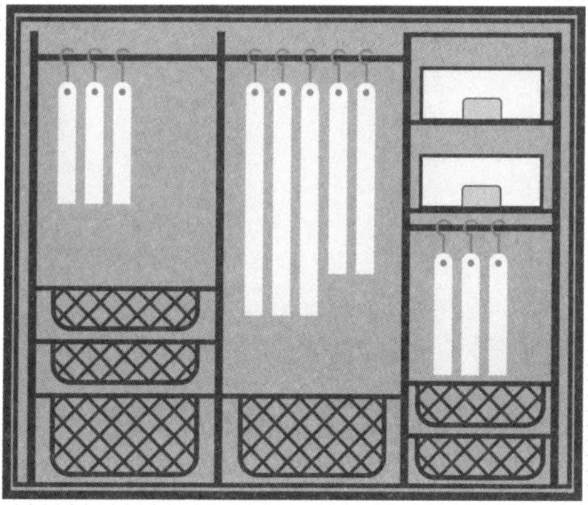

或者采用宜家博阿克塞系列、AA条等墙挂系统自行组装。

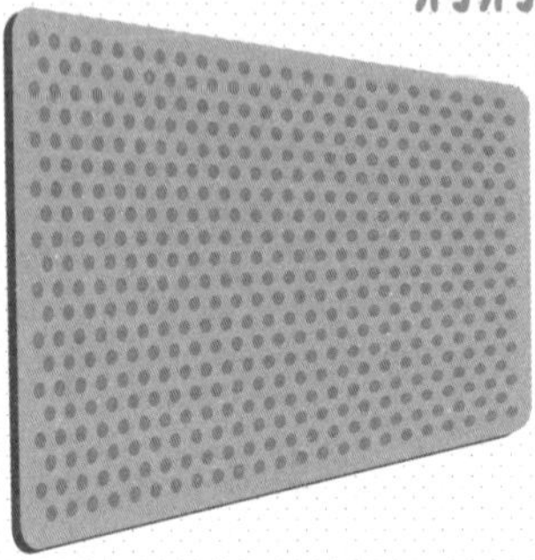

洞洞板 ⇦ 甚至上网买一些洞洞板、服装店的衣物展示架也可以。

衣物展示架

（图片：@娜酱妈咪）

一张白纸才能提供更大的舞台，一个空衣柜才能有更多灵活的收纳方式。不少衣橱设计人员其实并不熟悉收纳，不要让他们干扰了你的思路。

衣柜收纳在整理·收纳篇中有详细的叙述，可以将两篇结合起来参考。

那么怎样的尺寸可以作为参考呢？

⇨ 衣柜常用尺寸：

长衣区高度：不低于 1300mm，一个人的使用宽度差不多是 450mm，进深最好为 600mm，与普通成年男子毛呢衣物的肩袖宽度相当。

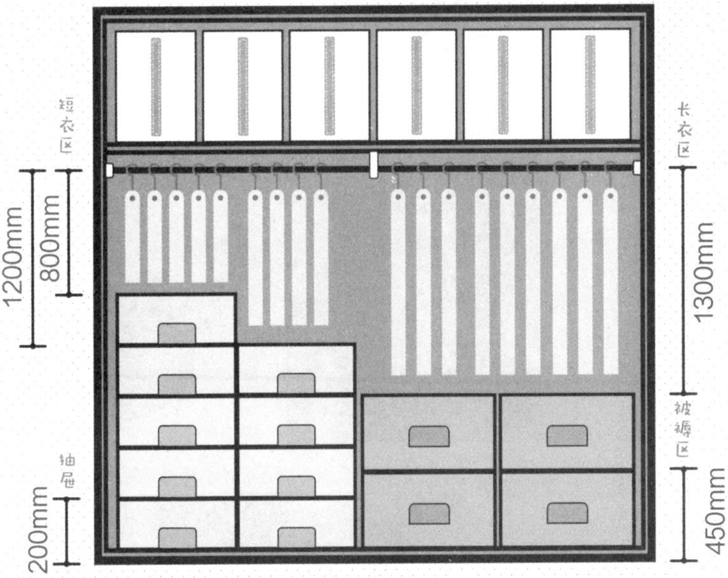

对开门的门板宽度：不要超过 600mm/扇。

推拉门的宽度：最好为 800mm/扇，这样推拉不易歪斜。

被褥区：高度为 450mm 左右。

衣柜踢脚线：高度为 80mm。

短衣区高度：不能低于 800mm，理想高度为 1000 ~ 1200mm；挂衣杆安装高度：家庭主妇的高度 + 20cm，太高会造成使用困难。

挂衣杆和柜顶的距离：不少于 60mm，太小会放不进衣架。

抽屉：高度不低于 200mm，裤子、毛衣、T 恤都能放。

（图片：@维纳圈儿）

衣柜转角设计成两扇对开门，转角处就可以完全打开了，里面设计上下两层挂衣区，这样空间利用率最高。

挂衣杆左右十字交叉安装，简单实用。

（图片：@维纳圈儿）

儿童房的设计

儿童房和主卧、次卧都不一样，成人卧室的尺寸、用途、动线都有一定的规律和固定算法，但儿童房没有。孩子是不断成长的个体，每个阶段都不一样，所以我们需要一个能不断“长大”的儿童房。

看看儿童房各阶段的用途是什么？

①

孩子刚出生时，中国家庭以大人和宝宝同房为主流，所以这时的儿童房基本是个储藏宝宝用品的地方。

②

孩子会走、会玩了，儿童房是个玩具屋。

③

孩子要上小学了，房间成了真正的个人空间，睡觉、看书都在这里。

④

孩子成了少年，私密性需求更高，一切都独立了起来。

儿童房也是这样渐渐“长大”的，因此儿童房的家具要灵活，可组合、可变化，以减少新家具的反复购入，对孩子的健康也是好处多多。

儿童房应该是为儿童量身定制的，那些高大的家具根本不适合孩子。想想那些成人高度的床，按照孩子的比例就相当于我们成人要睡在桌子上。还有各种桌椅，谁也不想整天面对高度到下巴的桌子工作，孩子也是一样。

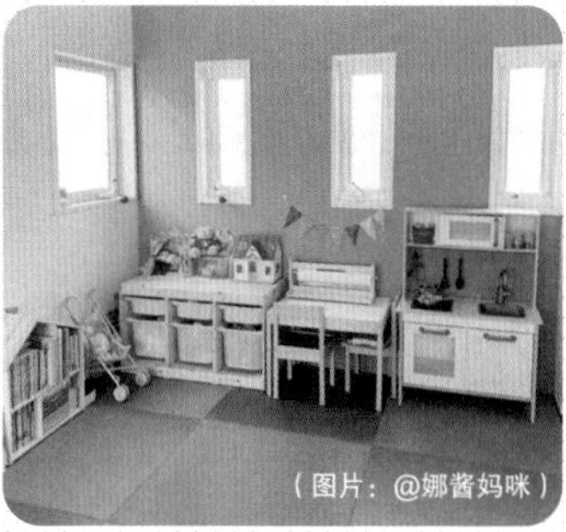
（图片：@娜酱妈咪）

准备低矮的床，可以调节高度的桌椅，适合孩子高度的书柜、玩具柜，衣物摆放的高度让孩子都能自己够到，这样孩子就能掌控自己的物品和空间，这对于培养他们的自主收纳能力很重要。

儿童衣柜可以参照“衣柜的收纳”，设计可灵活变动的空间。

我家的衣柜是这样的：除外套挂衣区是成人高度外，其他物品孩子都能自己够到。挂衣区也是在询问了孩子后，他拒绝下移才保留了原有高度，但如果要下移，只需增加一根伸缩杆就能办到。

我家的儿童衣柜完全不需要考虑换季的问题，每次换季只要把相应的抽屉对调到适合孩子的位置就行了，非常方便，减少了很多家务量。

依旧是那句话，给衣柜留下最大的机动空间，让它跟着孩子一起成长。

（图片：@娜酱妈咪）

给儿童房留出尽量大的空旷区域，围绕这个区域布置玩具区和阅读区，这样孩子就有能自己掌控的独立空间了。

我一直在有意识地培养孩子的自主收纳能力。他3周岁时就能自己收拾所有玩具，同时还能做到分类准确。现在，满4周岁的他已经不需要我的督促，便能自觉完成房间的所有收纳，还会根据自己的喜好和习惯，把我以前为他设计的收纳位置进行调整。这点特别令我惊讶，这么小的孩子居然能够根据自己的需要，重新规划自己的物品，同时做到整齐有序，很多大人都做不到呢。

孩子玩具区的设计也有讲究，越小的孩子，玩具区越需要开放且简单。所有大型玩具尽量采用展出式收纳，零件式玩具不必分类太细，按大类分即可。如乐高这样的拼插玩具，我几乎不会按品种分开，就用几个收纳盒一股脑儿扔进去，这对较小的孩子来说，易收、好取。

随着孩子年龄的增长，分类也要逐步细化，因为年龄增长了，自主收纳能力也要一步步提高。

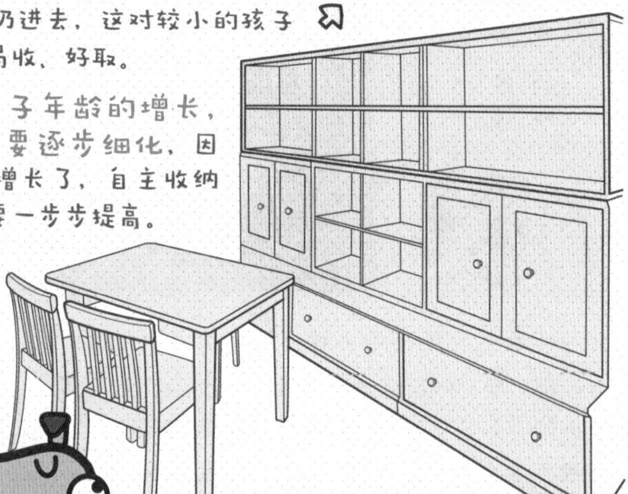

玩具柜应和书柜通用，不要买花哨的塑料款，一个普通的开放式书柜配合收纳盒，就能成为很实用的玩具柜，待孩子长大后再用作书柜也不会显得突兀。

我其实是建议将孩子的阅读区和大人的空间安排在一起的，在客厅、书房都可以。全家人一起看书的氛围更有利于孩子的成长。

大一些的孩子做作业时，我也建议和大人围坐在一起。餐桌其实是个好地方，可以供大人看书、孩子做作业，这样是全家人一起学习，而不是孩子孤零零地奋战。

卫生间的设计

很多住宅即便是大户型，也常把卫生间做得很紧凑，导致卫生间的设计、收纳一直像在螺丝壳里做道场一样。

其实想要拥有一个宽绰的卫生间根本不需要考虑几分离，不分离的大空间用起来特别顺畅。

所有与浴室有关的动线一气呵成，不用几个空间来回转。

我家楼下的卫生间特别小，不足3m²，根本不能做干湿分离，而且只能安装折叠门，对我们这种孩子比较小的家庭来说使用感很差，在里面转身都很难，有时候帮孩子脱个衣服、脱个鞋都会四处碰壁。

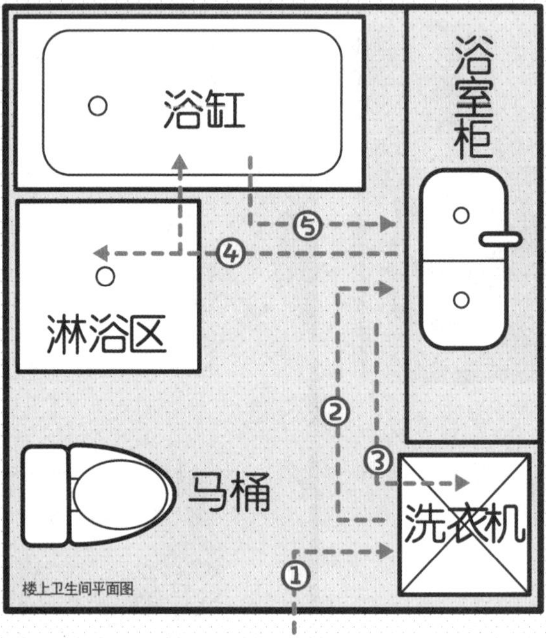

设计时我就意识到这个空间的不足，于是在楼上划分了一块近 $10m^2$ 的空间给主卫，里面设置了浴缸、独立淋浴区，还定制了宽绰的洗手台——由于我想要又大又深且能分成两格的水槽，所以选用了厨房水槽，并把洗衣机也设计在内。

这样我从进入卫生间开始：①脱掉外面的衣服（直接放进洗衣机清洗）；②在洗脸池刷牙；③脱掉内衣放进洗衣篮；④淋浴、泡澡；⑤吹头发、保养皮肤。整个动线非常流畅，不用转换空间，使用感特别好。

所以我建议有两个浴室的人家，一定要留一个尺寸大一些的不分离卫生间，在宽阔的卫生间里获得的顺畅感真是让人无比幸福。

在宽大的不分离卫生间里，淋浴区和浴缸可以分开，孩子在里面洗漱也有足够的回转空间。

但是很多家庭只有一个卫生间，使用的人还不少，怎么办？

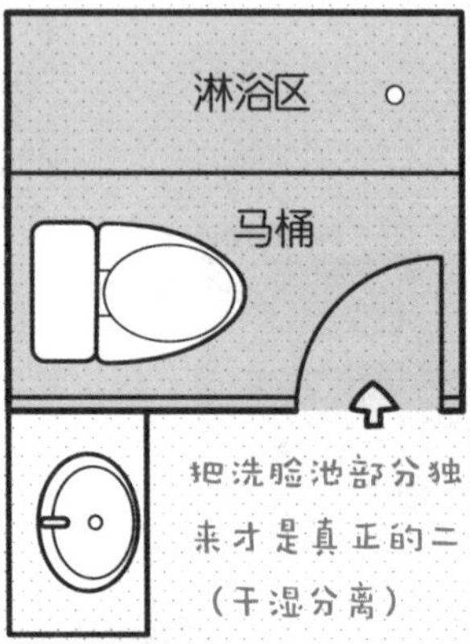

把洗脸池部分独立出来才是真正的二分离（干湿分离）

四个字：
功能分离！
但怎么分呢？

卫生间的功能分离有下面几种：

①二分离，也叫干湿分离。真正的二分离是把洗脸池部分连同洗衣机一起从卫生间分离出来，而将马桶和淋浴区放在同一空间。如果仅仅是用玻璃拉门隔一个淋浴房出来，淋浴区和其他部分依旧在同一空间，这并不能叫干湿分离。二分离浴室符合中国国情，大部分家庭都可以实现。

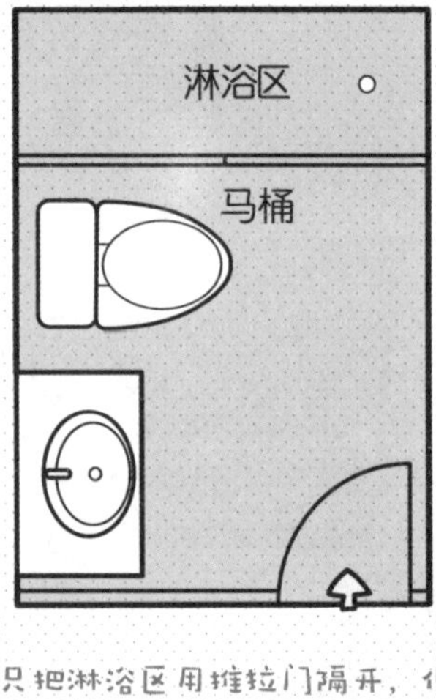

只把淋浴区用推拉门隔开，但洗脸池部分和马桶、淋浴区仍然在一个空间的，不能算作二分离

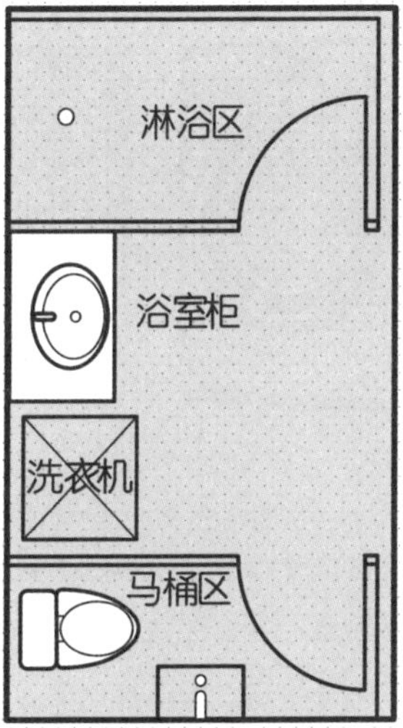

三分离卫生间

②三分离就是在二分离的基础上，把马桶部分再单独隔出。有条件的家庭可以做三分离浴室，其使用的方便程度不亚于四分离，但更省空间。

③四分离就是在三分离的基础上，为洗衣机部分再单独设置空间。四分离的浴室使用非常方便，动线合理，可供多人同时使用而互不干扰，但较难实现。

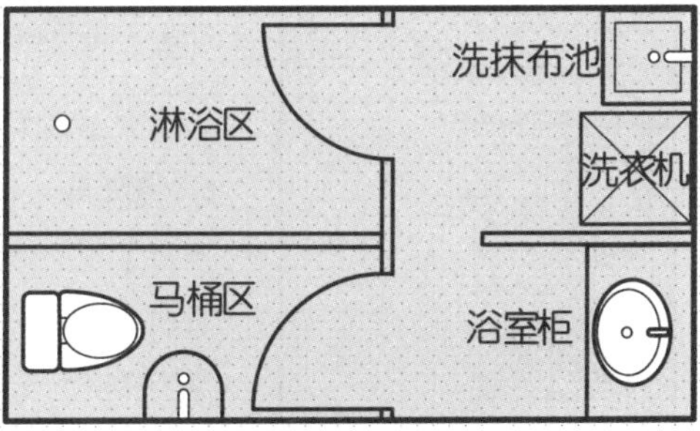

四分离卫生间

搞清楚了分离的概念，再来看看我们的卫生间。开发商通常都把厨卫的空间压缩得特别紧张，在这样的情况下，我们一般都是先把洗衣机和洗抹布区分离出卫生间，放置于阳台等便于晾晒的位置。

剩下的部分要做到三分离也非常困难。将马桶单独分离出来的前提是马桶区也要设置微型洗手池，这样才符合卫生习惯。但这样一来，马桶区的面积是一定要扩大的，而这在寸土寸金的中国式卫生间里几乎无法实现。

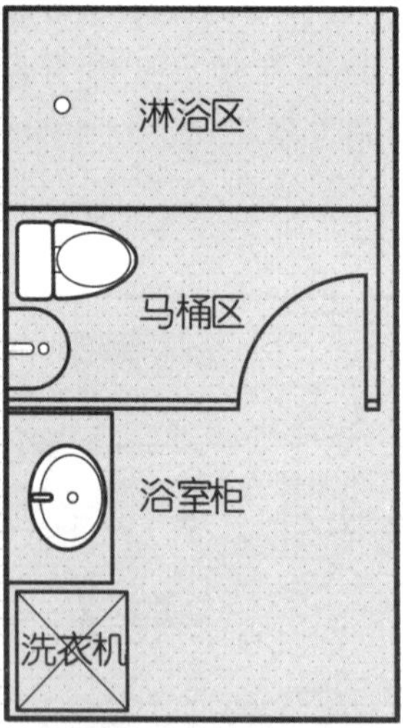

二分离卫生间

所以，最现实的还是采用二分离（干湿分离）。最好的干湿分离就是把浴室柜和洗衣机划在一个区域，马桶区和淋浴区放在一个区域（有条件的话可以加一个小水池，一来可以在如厕后立刻洗手，二来可以洗洗抹布之类的）。

那么干湿分离的卫生间，怎样设计才能更好用呢？

先讲干区：

想想平时我们设计干区的时候是怎么做的？一个浴室柜直接撑满横向空间，这样的设计完全不会有多余的位置进行灵活收纳，于是我们的抹布、水盆、一些小物就开始到处乱堆了。

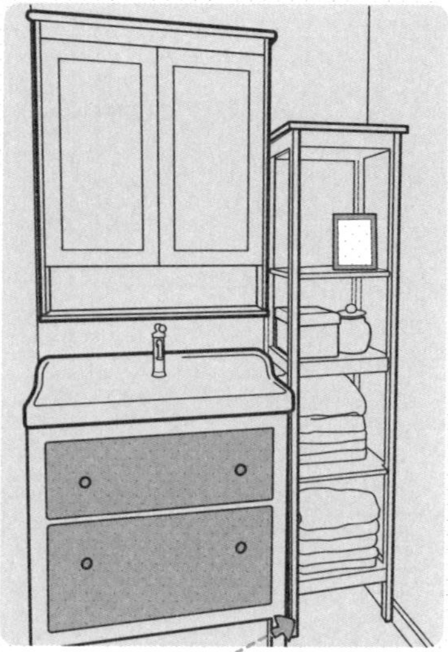

改变思路，留出一定的灵活空间，让干区更好用。

①留出空间增加高柜或开放式层板柜，带柜门的高柜适合东西多而杂的家庭。

开放式层板柜使用方便，但对整洁度要求比较高，一不小心就会很凌乱。

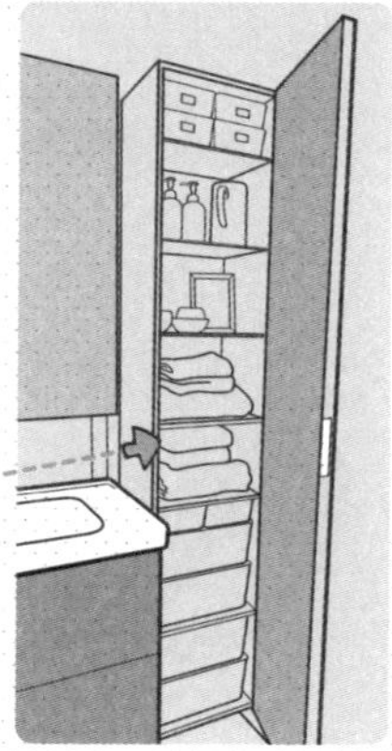

带柜门的高柜收纳力强，视觉上较整齐，适合零碎物品特别多的家庭。

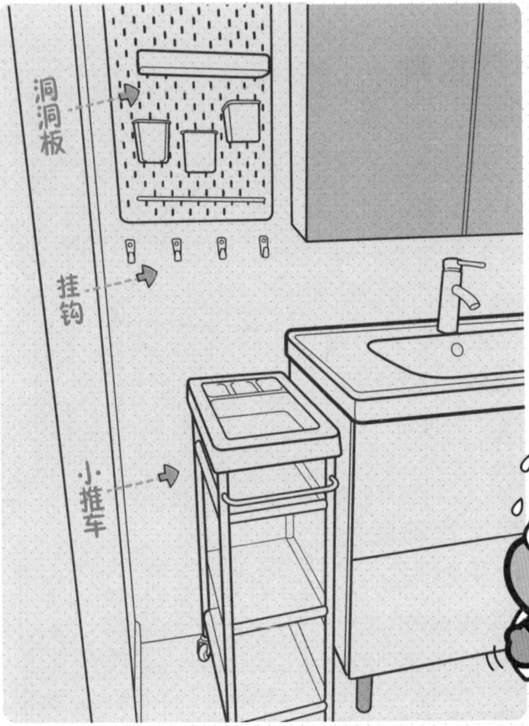

②洞洞板结合挂钩和小推车的方式也很不错。

墙面运用洞洞板悬挂收纳盒和一些小件，下半部再搭配挂钩、小推车这样的灵活收纳工具，这样的方式即便是对做不到二分离的卫生间也适用。

③不把浴室柜撑满整个空间，可选择小一号的无腿吊柜，底部和两边留出空间，用来隐藏不那么美观的抹布和刷子。下方悬空的位置可以放孩子的浴室凳或者洗涤用的盆。

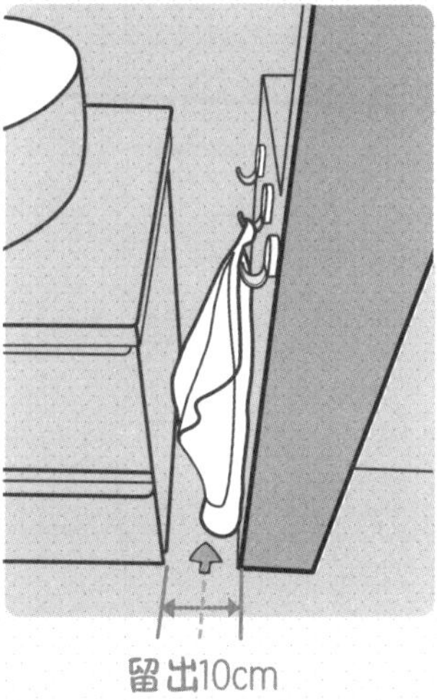

浴室柜和墙体之间留出10cm，装上挂钩，就能让抹布、刷子、折叠盆有个隐形的家。

接下来是湿区：

（湿区包括马桶和洗浴部分）

如果卫生间狭小，那么一定要学会利用马桶上方的纵向空间。

吊柜、隔板、马桶收纳架都是很好的收纳工具。

在马桶旁砌一面墙，将淋浴房半隔开，这样做的好处很多：一是可以在朝向马桶的一面挖洞来摆放如厕需要的物品；二是可以隔绝一部分水汽，同时还很美观。

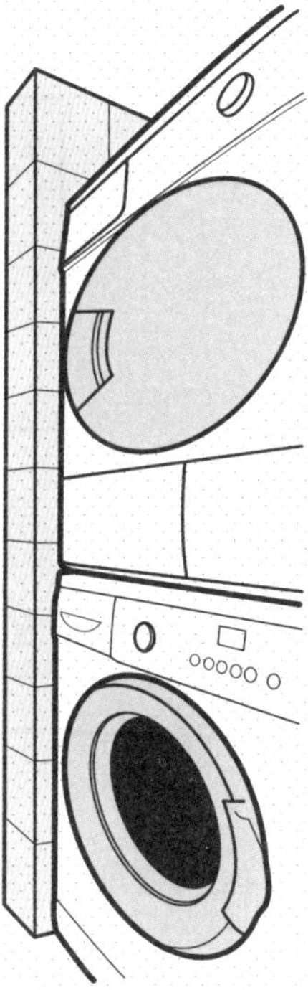

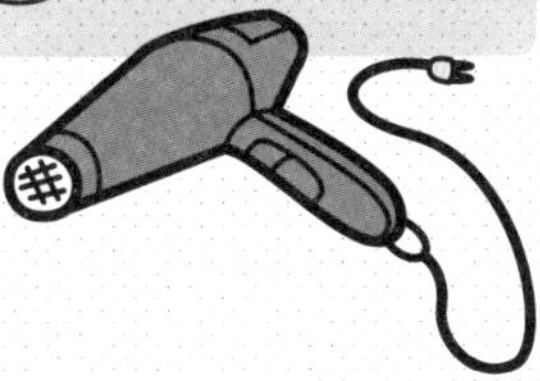

这样的设计还可以运用在干湿不能分离的浴室，给洗衣机和烘干机造个窝。

淋浴房内也可以在墙面造个洞来收纳洗浴用品，这要比后加的各种浴室架实用得多，打扫方便，还美观。

现在大家都学会了在淋浴房采用中间高、四面低的设计，这样能加快排水。

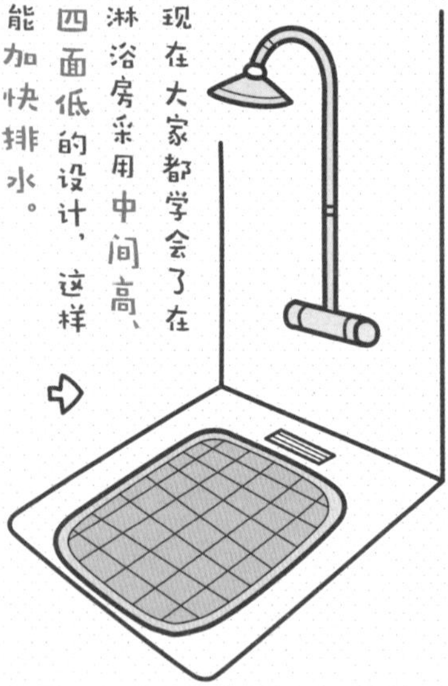

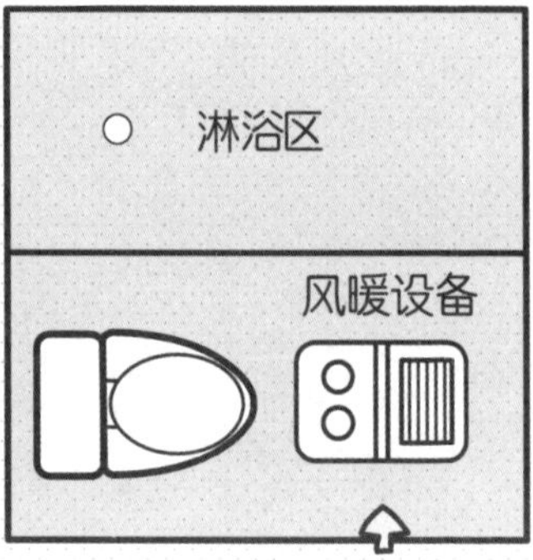

要记得，头顶的风暖设备应安装在淋浴房外，这样洗完澡出来才能暖烘烘的。

阳台的设计

大多数家庭都把阳台作为一个多功能区，靠边设置洗衣区，剩下的位置留做他用。

说到阳台洗衣区，这里也简单讲一下。

合理的洗衣区包括什么？

①洗衣设备（洗衣机、烘干机）

②晾晒设备

③烫衣叠衣区

④清洁剂及清洁工具收纳区

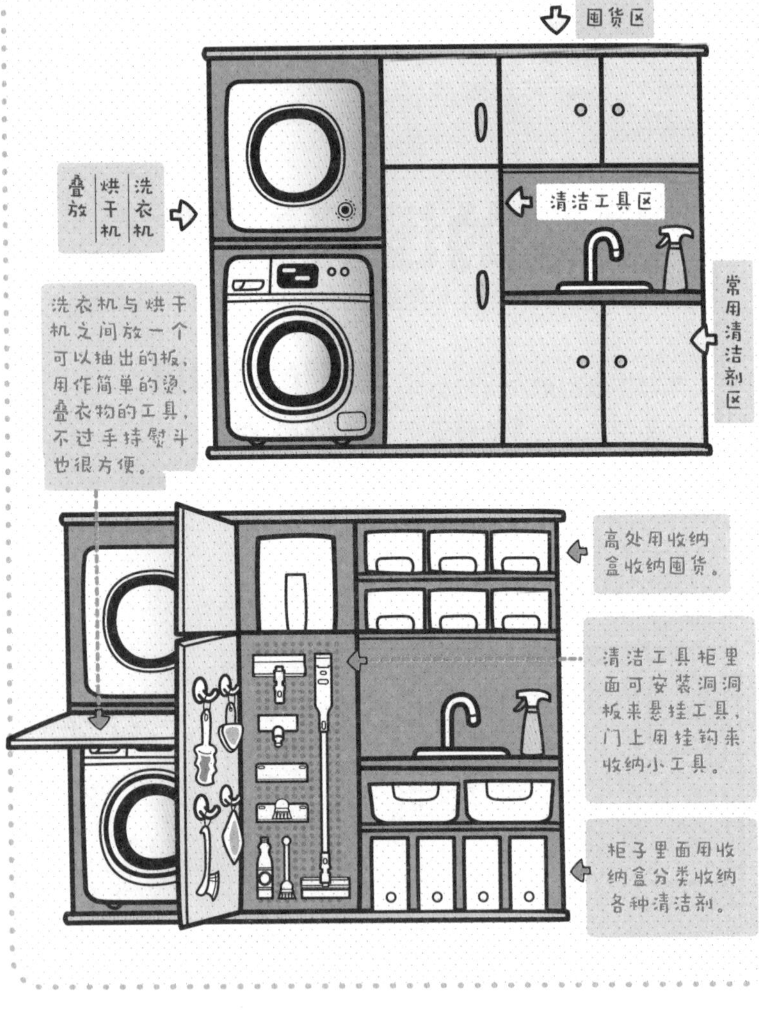
囤货区
洗衣机烘干机叠放
清洁工具区
常用清洁剂区
洗衣机与烘干机之间放一个可以抽出的板，用作简单的烫、叠衣物的工具，不过手持熨斗也很方便。
高处用收纳盒收纳囤货。
清洁工具柜里面可安装洞洞板来悬挂工具，门上用挂钩来收纳小工具。
柜子里面用收纳盒分类收纳各种清洁剂。

阳台内的晾衣杆可以考虑竖向安装，我给父母和公婆家都设计了竖向的晾衣杆，藏在两边。没有烘干机的家庭将衣物晾晒在室内也完全不会影响阳台的美观。

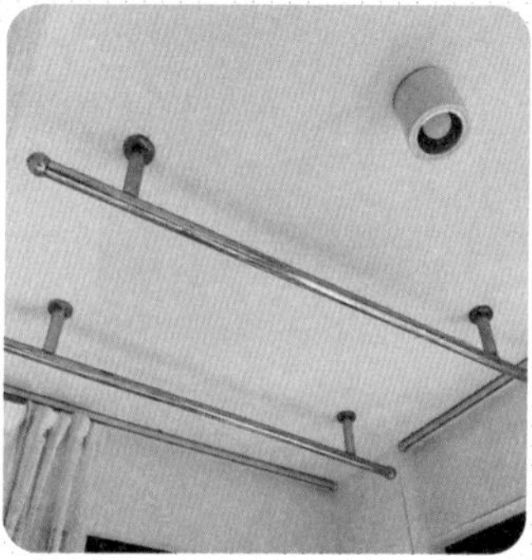

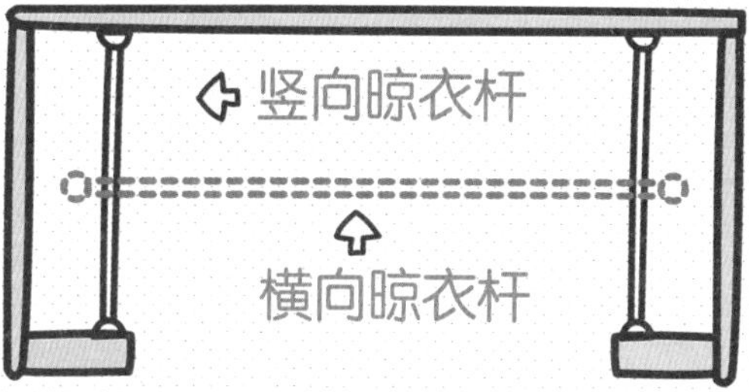

竖向的晾衣杆除了这种固定式的，也可以是升降式的。

竖向长度 ×2 ≈ 一根横向长度

不用担心晾衣杆的长度不够，两根竖向杆加起来的长度一般不比一根传统的横向杆短呢。

我家有一个宽1.5m、长6.6m的阳台，三面玻璃。因为住在顶楼，顶部也是玻璃顶，这样的环境是不适合打造洗衣区的，因为夏天的日光太强烈，温度太高，机器容易损坏。所以，我把洗衣区移到浴室，把阳台打造成一个美丽的空中花园。

阳台东侧小桌

这个阳台被我划成两个休息区，靠东的一面摆放着一张户外小桌，天晴时可以在这里吃个早餐，喝杯咖啡。靠西的长椅可躺可坐，旁边布置了一些烛台风灯——暮色降临，渐次亮起，烛光掩映，灯火阑珊，呈现出与白天截然不同的浪漫氛围。

阳台的多肉植物

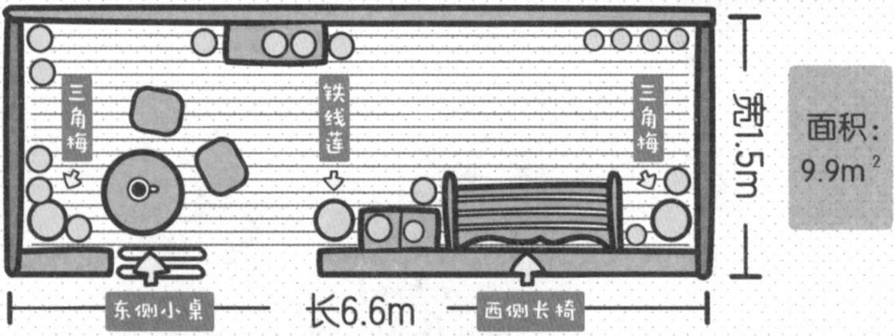

夜晚的阳台

给风尘仆仆的人生留出一小片居心地。

夜晚的阳台

整理・收纳篇

人、空间和物品

在进行收纳之前

我们必须要认清两个概念：

减物　　**分类整理**

所以接下来会有一些关于整理的内容，
告诉你为什么要学会

减物和分类整理。

想想我们在进行收纳之前，

最大的

几个难点是什么

Why?

为什么会这样？

因为在收纳前没有经过整理这一步。

而整理还有一个“先行军”，

➡ **那就是减物。**

① 减物 ➪ ② 整理 ➪ ③ 收纳

东西多、找不到和扔不掉都是因为减物这步没做好，如今流行的“断舍离”说白了就是“减物”。

为什么要减物？

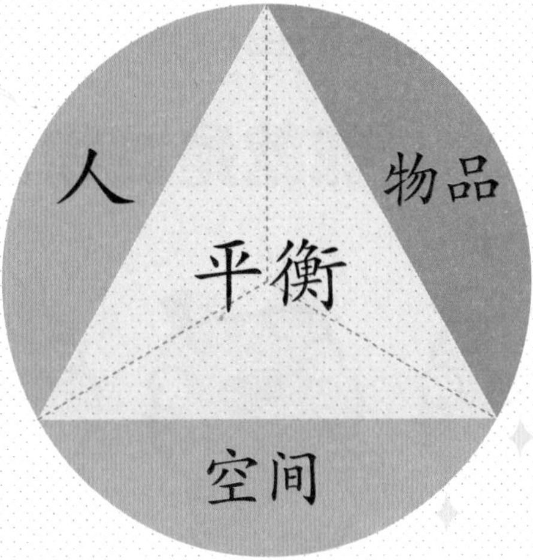

因为物品和空间及个人精力产生了矛盾。如果没有矛盾产生，根本就不需要减物，但如果产生了矛盾，就需要衡量究竟是空间和自己的精力更重要，还是物品更重要。所以减物跟内心力、掌控力等关系并不大，学会平衡人、空间、物品这三者的关系才是最重要的。

我有一个关于减物的简单方法，

那就是把物品量化并分类列出来。

看舍弃哪一样给你带来的困惑最多，看清本质才能知道为什么要将其减掉。

留下的物品应是有用的、自己喜爱的、不会对生活状态产生困扰的。把让自己心烦的、不能物尽其用的、卫生及安全状况堪忧的物品及时减掉。所以减物不是让你把所有东西都扔光，而是要达到人（时间、精力）、空间、物品这三者的大致平衡。平衡是关键。

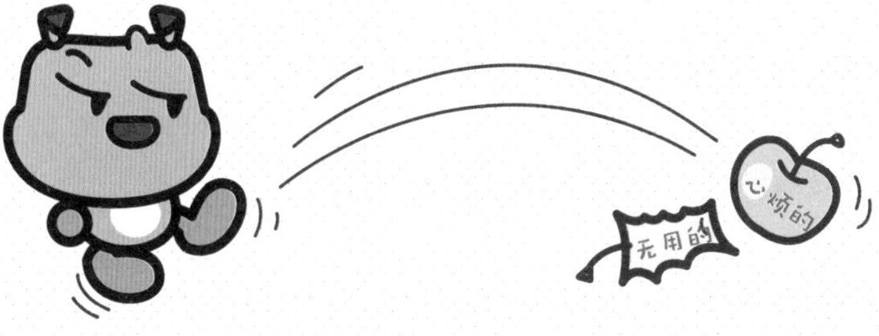

我们最先学习的应该是“减物”，之后的分类整理其实就是“聚物”。

中国人天生就会整理。

《周易·系辞上》：
“方以类聚，物以群分。”
意为：事物种群以类聚合，
宇宙万物以群区分。

这真是分类整理的精髓，所有的分组整理、按使用频率整理等，都不过是“物以类聚”而已，祖先早就用精简的语言对整理收纳做了完美的描述。

三级整理法

什么是三级整理法？

就是一步步地细化整理。

按照这个步骤走，
整理就会变成一件轻松的事。

★ 第一级：分类 ★

目前主流的分类方法

有两种

- 第一种是按**空间**划分。
  就是按客厅、卧室、厨房等不同场景空间分类。

- 第二种是按**使用类别**划分。
  如衣物、鞋子、床上用品、厨房清洁剂等类别。

分类方式
- 按使用类别 ✓
- 按空间

那么究竟哪种更好呢?

在首次进行清扫式大整理时，一定要按照使用类别来分，一个类别一个类别地清理，如果按空间划分就会整理得不彻底。

按类别进行大筛查，将各类物品分为有用、无用、犹豫三类。

无用物品处理掉，犹豫的可放在一个反悔箱内封存半年，如果半年后还没有用到，就可以处理掉。

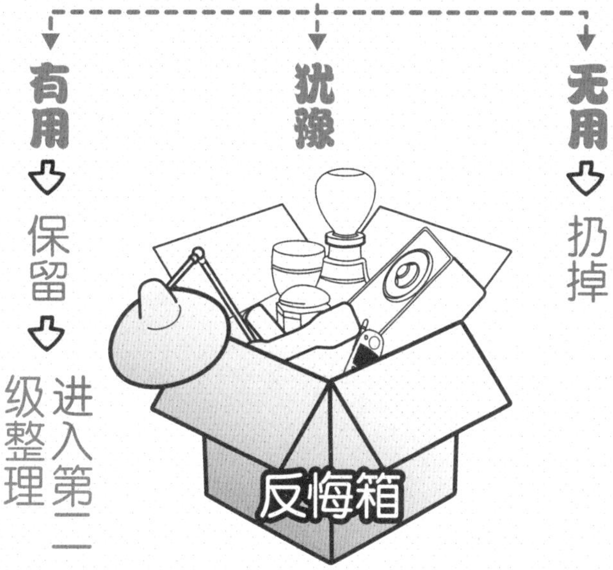

★ 第二级：按动线整理 ★

简单来说，就是把每个类别的物品正确地摆放到对应的使用动线节点上。

什么叫使用动线？

比如，早上起床到出门的这条动线：

起床洗漱（卫生间）→ 换衣（卧室）→ 做早餐（厨房）→ 吃早餐（餐厅）→ 清洗早餐用具（厨房）→ 准备上班物品（书房）→ 整理着装、换鞋（玄关）

这就是在进行“起床一上班”这一系列行为时产生的使用动线，在生活中类似的动线有很多。

我们根据起床—出门的动线，在每一个动线节点收纳相对应的物品，让动线上的每种使用物品都能被就近收纳，那么这条动线就会流畅，我们的效率就会提高。

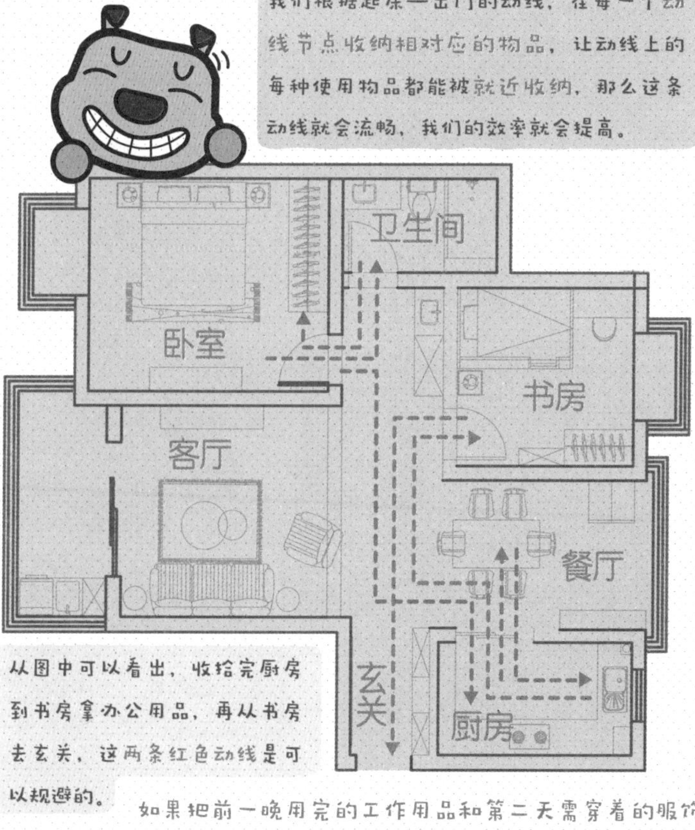

从图中可以看出，收拾完厨房到书房拿办公用品，再从书房去玄关，这两条红色动线是可以规避的。

如果把前一晚用完的工作用品和第二天需穿着的服饰归为一组，及时收纳在玄关，那么整个动线就会缩短。不要小看这小小的一条动线，生活中处处是这样的使用动线，如果每条动线都能做到最短，生活的便利性就会大大提高。

这就是就近收纳原则。

比如，厨房清洁剂一定要围绕水槽收纳，如果距离水槽太远，使用起来就会不便；刀具一定要收纳在备菜区，这样切菜时随手就能拿到；锅具收纳在烹饪区；调味品收纳在烹饪区右手位置，这样我们在每个动线节点上都不需要移动太远。

和动线节点对应的物品，使用距离都要尽可能做到最短，在哪里使用就在哪里收纳。

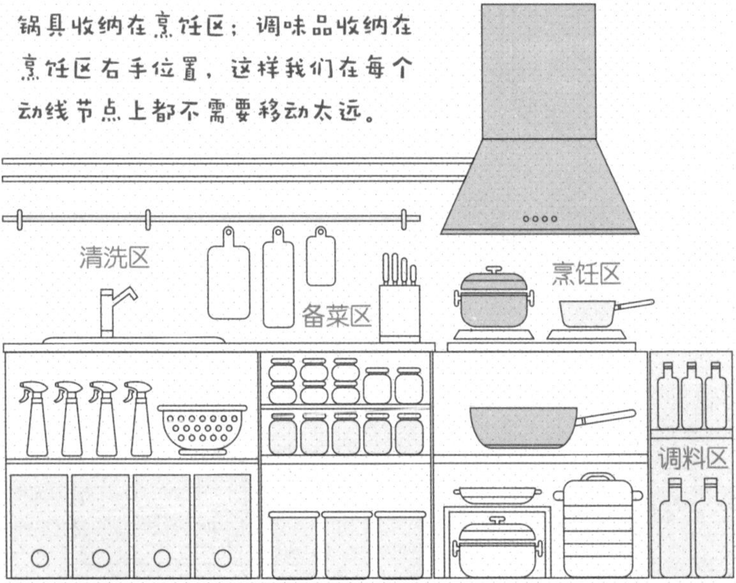

动线和个人的习惯、室内空间等有关，我们在分析时不妨多模拟几次，然后根据最适合自己的动线制订方案。

通过二级整理后
我们进入第三级

★ 第三级：按使用频率整理 ★

把按动线摆放好的物品按照使用频率再次细化。

三级整理
- 使用频繁的 》》》》 对应最方便使用区
- 使用频率略低的 》》》》 对应次方便使用区
- 极少使用的 》》》》 对应不方便使用区
- 囤货类 》》》》 对应不方便使用区

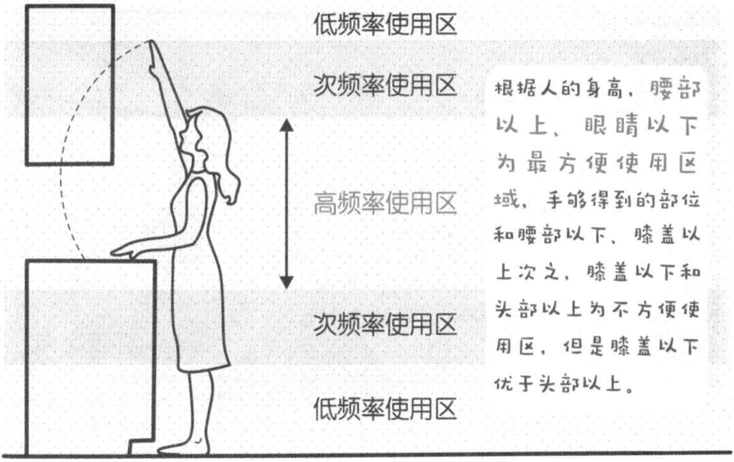

根据人的身高，腰部以上、眼睛以下为最方便使用区域，手够得到的部位和腰部以下、膝盖以上次之，膝盖以下和头部以上为不方便使用区，但是膝盖以下优于头部以上。

这三级整理都到位后，我们的家就不容易复乱了。复乱的根本原因是没有根据动线和使用频率来合理收纳物品，导致使用和归位物品很不方便，因此随手乱放造成复乱。我自己的家就是根据这些方法整理好的，睡前归位速度很快，一刻钟就完成了，每天都能物归原位，不给复乱留机会。

物归原位后的厨房

厨房锅具的收纳

锅具种类繁多，但根据形状划分就简单多了，总体来说可分为四类：

①大型炒锅

②大型深汤锅（包括蒸锅）

④双耳锅

③单柄平底锅

一、大型炒锅和大型深汤锅因为体积原因，如果使用频率不是特别低的话，适合直接摆放在下柜层板，如下图。

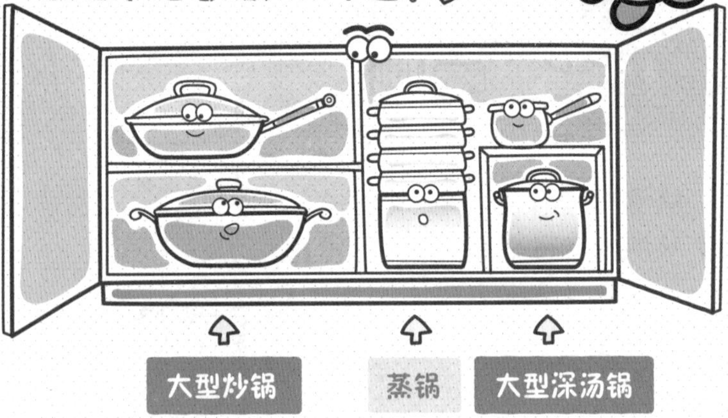

太大的蒸锅因为高度原因，可能需要卸掉橱柜中间的层板，但为了不浪费剩余空间，可以用架子来增加纵向的层数，以收纳其他不太高的的锅具或物品。

二、 收纳单柄平底锅的方式特别多，为了节约空间和便于拿取，一般都采用竖向收纳。

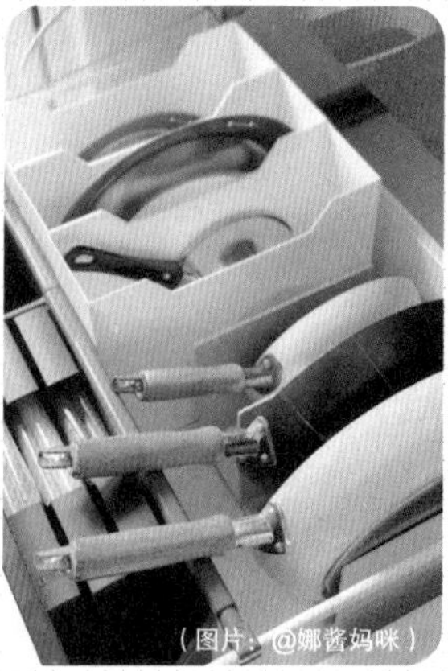

（图片：@娜酱妈咪）

文件盒种类多

①用文件盒和书立来竖向收纳。

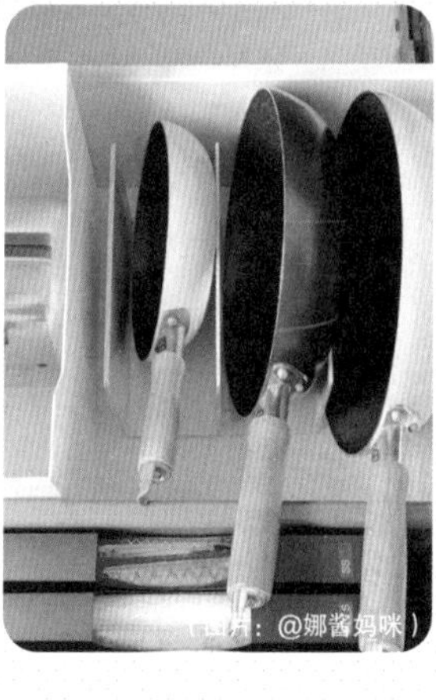

（图片：@娜酱妈咪）

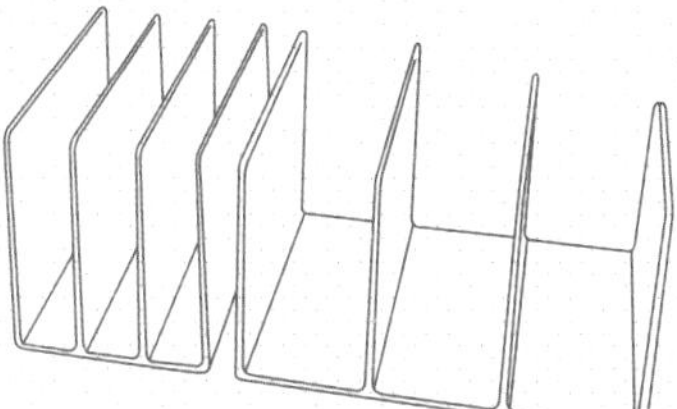

较窄的书立还可放置锅盖

②采用锅架收纳。很多专门收纳锅具的锅架都是可以调节的，这样锅的厚度不会受限，锅盖也可以用相同的工具集中收纳。

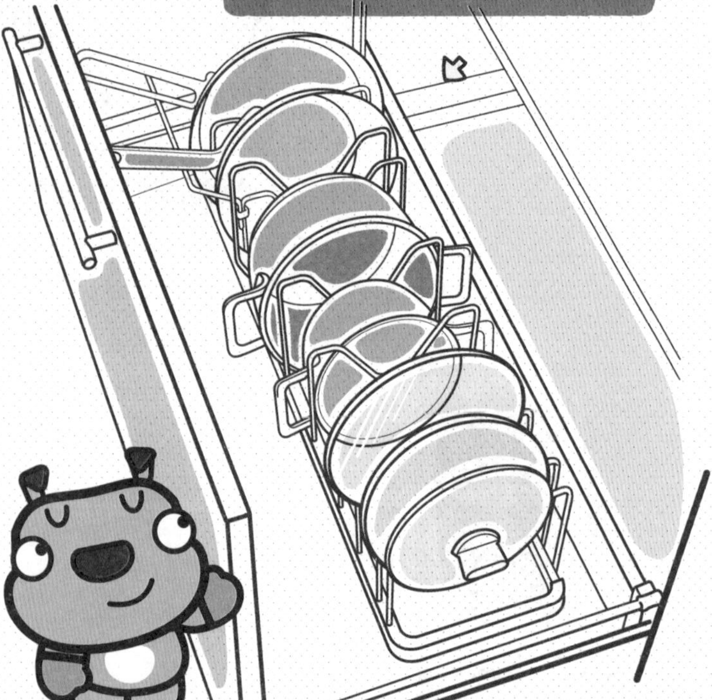

三、双耳锅。这里的双耳锅是指除大型深汤锅以外，适中型或较小型的锅种。

可以置于开放式上柜做展示。

希塔家的厨房

如珐琅锅、陶瓷锅、康宁锅、寿喜锅等，这类锅都会自带锅盖，侧立收纳并不适合，但它们因为样子好看，可以通过展示型收纳来增加家居环境的颜值。

比如：

①可以用专门的餐具柜来收纳。

↑ 适合放在上柜的下层

②当然，怕油烟的锅具可以收纳在柜子里，收进柜子一样可以摆放得很好看，这类锅具收纳在上柜的下层是非常适合的。见上图。

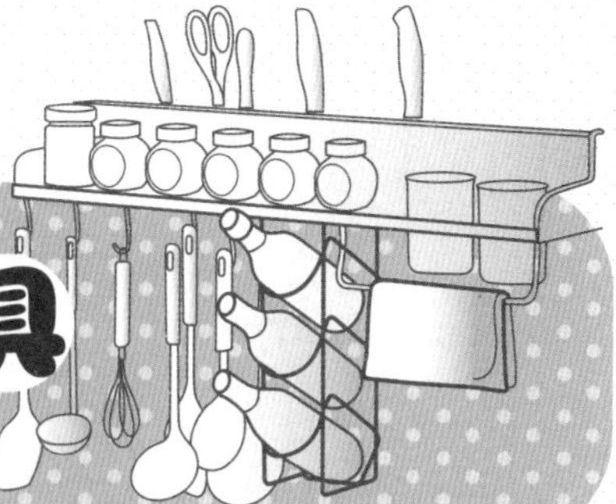

筷勺刀具的收纳

厨房小物收纳一直很烦琐，同时容易混乱。

这些物品虽然小，但是使用频率很高，应该收纳在厨房的黄金收纳区，这个部分前面我们已经讲过，这里再来回顾一下。

厨房收纳区域

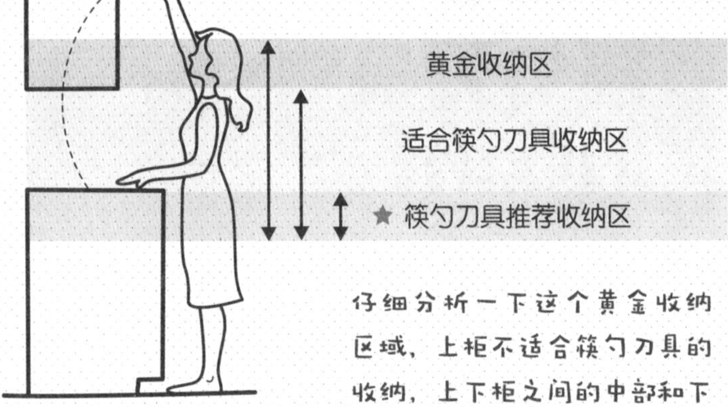

仔细分析一下这个黄金收纳区域，上柜不适合筷勺刀具的收纳，上下柜之间的中部和下柜的上层都可作为收纳区域。

比较两张图

从右侧两张图可以看出，藏在柜子里显然更适合，隐藏式收纳会显得更整洁，同时，筷勺刀具也不易被油烟污染。

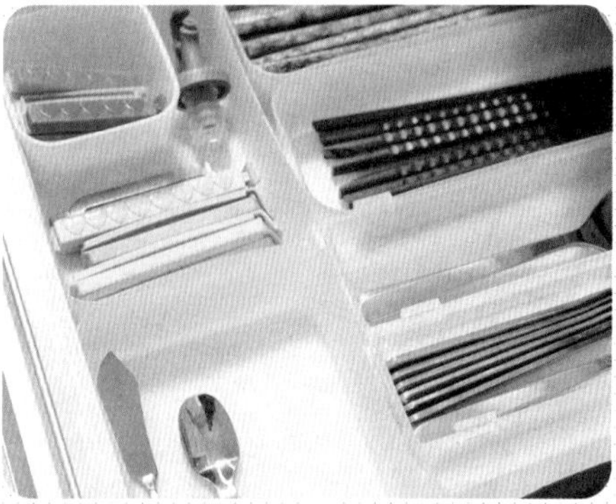

用下柜的上层抽屉来收纳这些物品是相对合理的，为了达到分区目的，我们可使用不同尺寸的收纳盒。

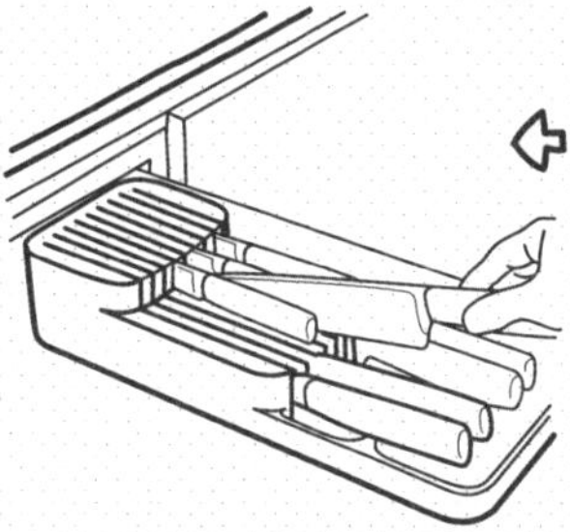

刀具也有横向和竖向的收纳工具，以适应各种类型的抽屉，也可以用刀架收纳后，直接放置于靠近备菜区的台面上，或者挂在墙上。

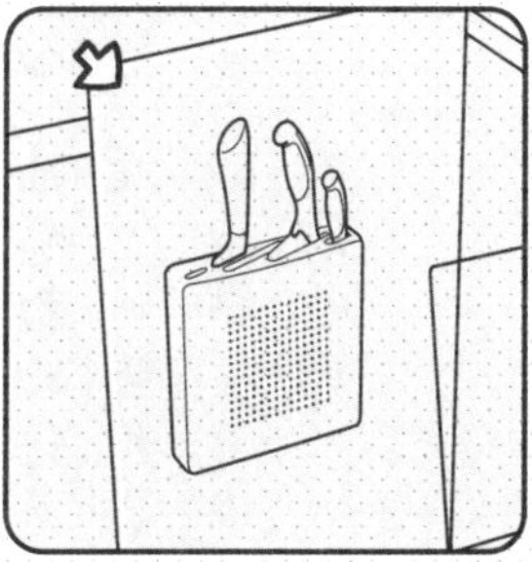

注意点

有幼儿的家庭在选择刀具收纳工具时要注意安全性。可以选带一键锁住功能的工具。

厨房没有适合的小抽屉来收纳小物件时，我们可以考虑在煤气灶下的大抽屉内侧，靠门的位置竖向收纳。一般这个位置的抽屉都比较高，除了一些长条形的锅铲，其他大都能收纳。

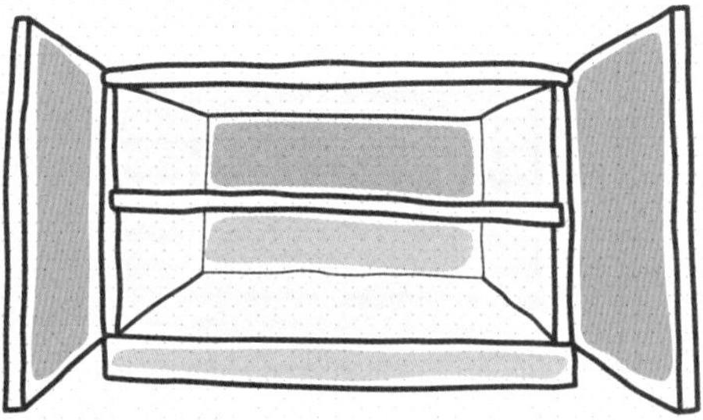

但很多厨房的下柜抽屉数量不足，只是普通的层板柜，怎么办？

①我们可以使用现成的塑料抽屉。

这样就能造出几个抽屉空间来满足收纳要求。

②如果没有合适尺寸的塑料抽屉，我们也可以用增加层板搭配收纳盒的方式。层板可以用伸缩隔板或者层板架来替代。

③最简单的方法就是用收纳盒配合高形收纳筒收纳部分筷勺，同时在门上配合刀架、挂钩来收纳刀具和长条形锅铲。

水槽下的收纳

住宅的水槽管道通常比较复杂，厨房尤甚，我们该如何应对？

在收纳前需要考虑的是，水槽下应放置什么物品。

根据就近收纳原则，水槽下应该收纳和清洁有关的一切物品。具体有哪些呢？我们分成厨房水槽和卫生间水槽两部分来讲解。

一、厨房水槽

①清洁剂

②清洁工具（抹布、刷子等）

③清洗用具（沥水篮、小水盆等）

先来看看我家厨房的水槽是什么样的吧。

和大多数家庭一样，水槽下方管道复杂，沟壑纵横，但我用塑料抽屉、伸缩层架、收纳盒完成了收纳。

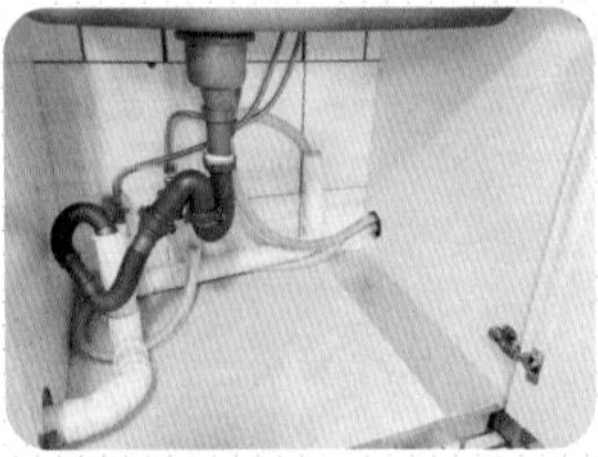

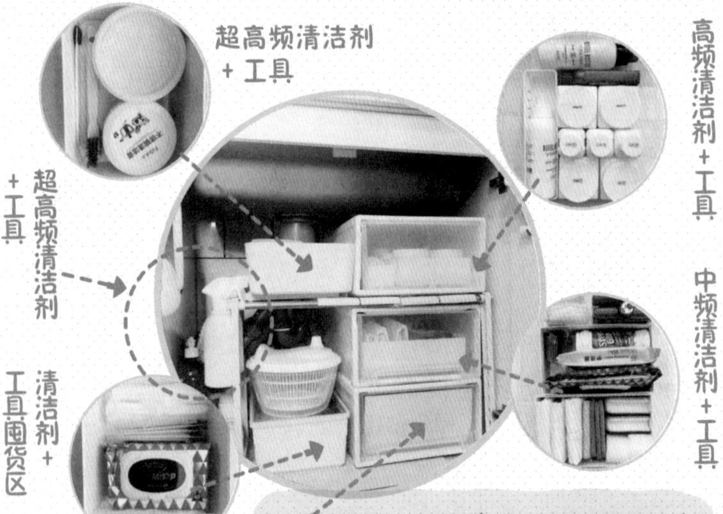

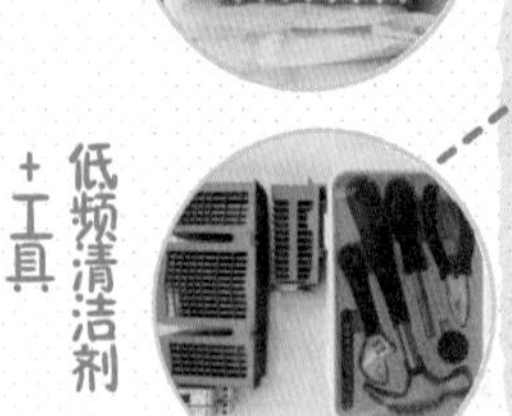

任何一处的收纳都离不开动线和使用频率，在水槽下方，我根据动线把围绕水槽使用的物品进行了归类，接着再根据使用频率进行了空间的划分，频率越高，动线越短，使用越方便，反之亦然。

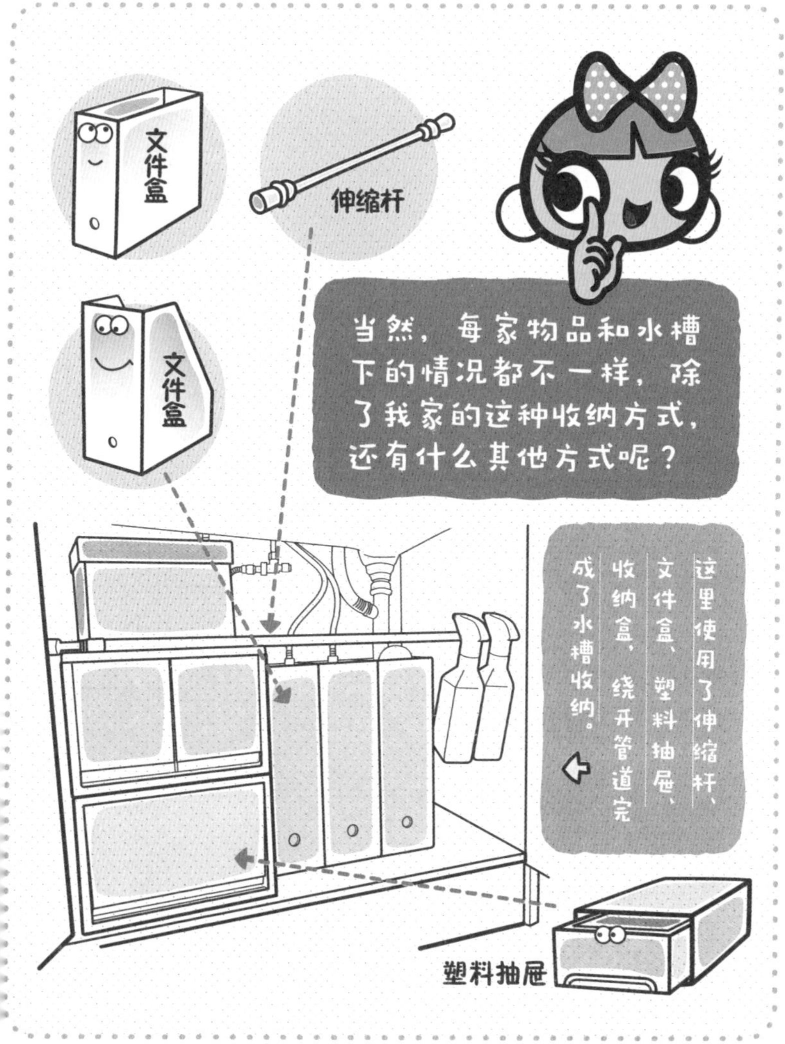
文件盒
伸缩杆
文件盒
当然，每家物品和水槽下的情况都不一样，除了我家的这种收纳方式，还有什么其他方式呢？
这里使用了伸缩杆、文件盒、塑料抽屉、收纳盒，绕开管道完成了水槽收纳。
塑料抽屉

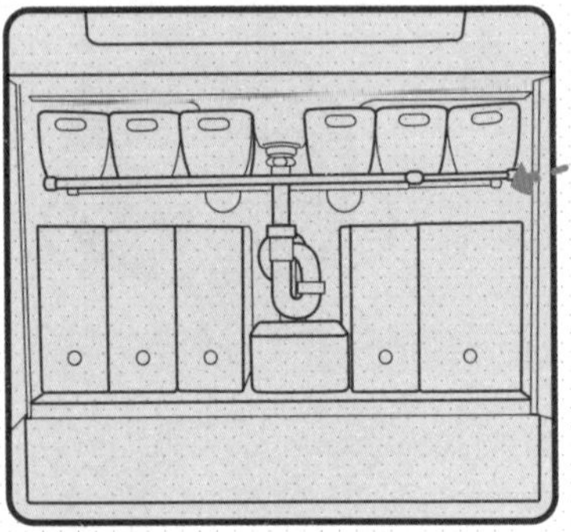

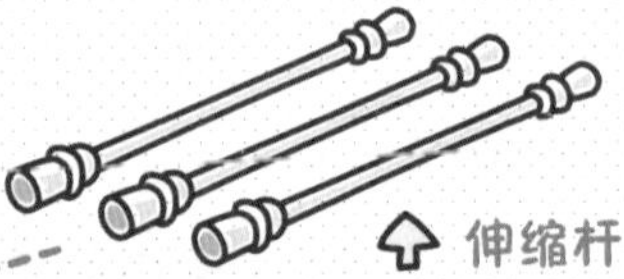

几根伸缩杆并排放在一起，形成一个平面，就等于在纵向增加了一层隔板，再结合收纳盒就能收纳很多用品。

很多家庭水槽下除了水管还有垃圾处理器和净水器，收纳空间就会被压缩得很小。此时，我们可以利用这种窄形轨道式收纳工具，配合伸缩杆悬挂清洁剂、手套、抹布等物品，见缝插针地进行收纳。

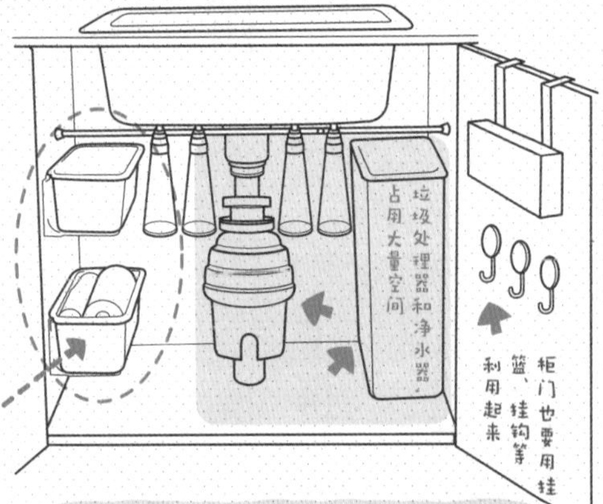

收纳工具其实就那么几种，但各种收纳工具的组合创意是无限的。

前述的那些变化和组合同样适用于卫生间水槽下，但卫生间水槽下的细小物品可能更多，让我们看看有哪些种类。

浴室柜如果是抽屉式的，一切就好解决得多，只要利用收纳盒、抽屉分隔板等收纳件，就可以很好地划分空间。

二、卫生间水槽

①清洁剂

②清洁工具

③卫生用品

④护理工具

⑤护肤类产品

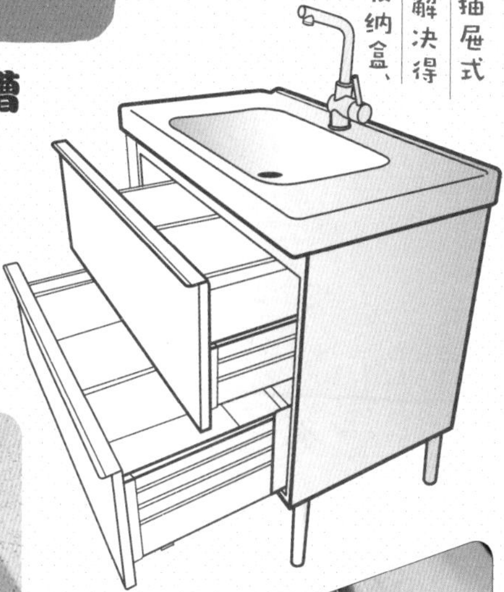

上抽屉适合收纳③④⑤这样的小件物品。

下抽屉适合收纳①②这样体积较大的物品。

如果是开门式浴室柜，就需要借助更多的收纳工具才能更好地利用空间，参考下面的实物图。

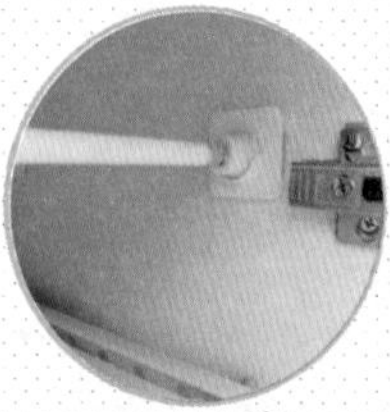

伸缩杆加上配件，会更加牢固

常用折叠盆、搓衣板等

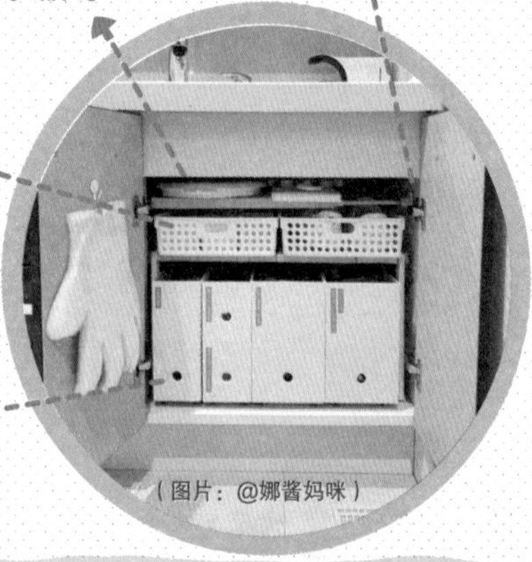

高频常用物品

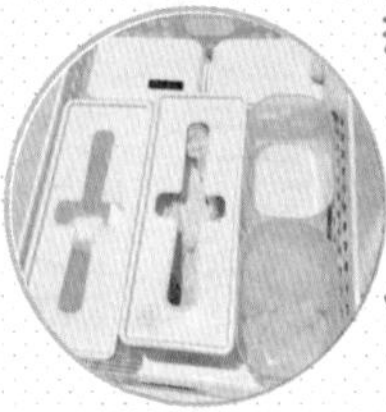

低频囤货物品

（图片：@娜酱妈咪）

水槽下的收纳工具其实就是起到先纵向再横向划分空间的作用。利用好伸缩架来绕开错综复杂的管道；利用伸缩杆增加纵向收纳空间；利用抽屉增加横向收纳空间；利用各种收纳盒来分类。一切收纳工具都是为了更好地利用空间，以及更方便地使用物品。

碗碟的收纳

在中式厨房中，常见的碗碟收纳区在厨房煤气灶下方的拉篮里，式样颇多，在橱柜公司和购物网站上都能买到。

如果有条件，碗碟可以另设碗碟柜，另设碗碟柜的作用是释放煤气灶下方的空间。

释放这块空间的好处是什么呢？

①可以把此空间用作锅铲的收纳区，这样烹饪时会很方便。

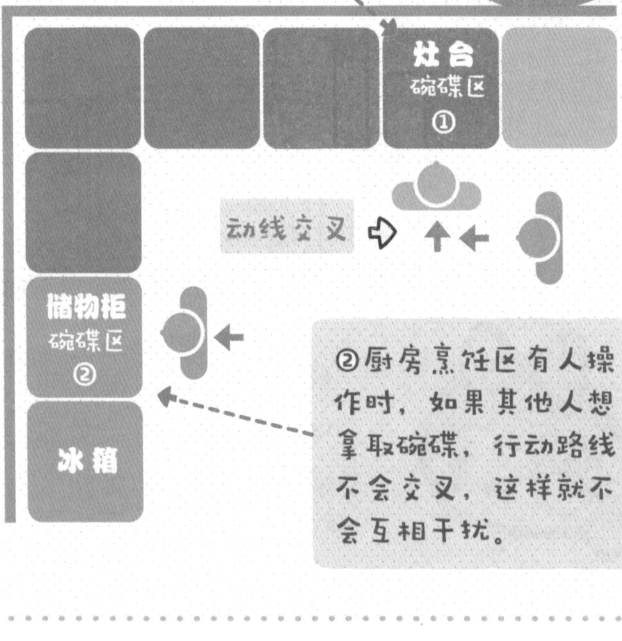

②厨房烹饪区有人操作时，如果其他人想拿取碗碟，行动路线不会交叉，这样就不会互相干扰。

这是我家的开放式碗碟柜，柜子靠近厨房外侧，位于洗碗机的对面，这样在清洗完餐具后不用走动就可以将其摆放完毕；柜子靠近餐厅，方便用餐时拿取碗碟；烹饪者和拿取碗碟的人动线不会交叉，非常适合我家这种窄形的厨房。

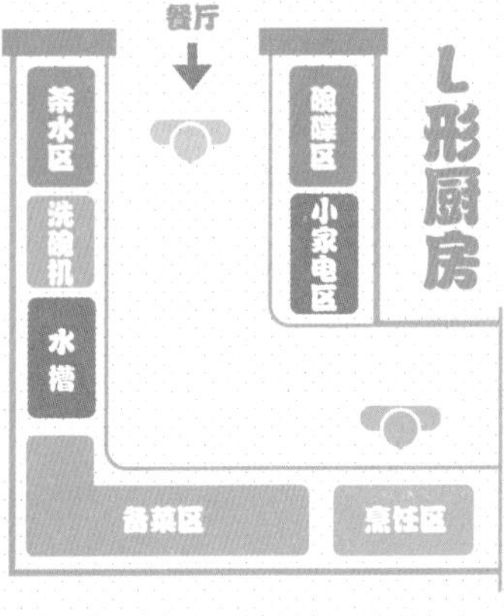

希塔家的厨房一角

（图片：@娜酱妈咪）

对于普通家庭，我建议做带推拉门的封闭式碗碟柜来减少油烟。这样的碗碟柜设置在上下柜之间，处于黄金收纳区，又带有推拉门，整洁干净。

推荐指数：★★★★★

像这样的柜子，为了增加收纳空间，我们一般可以配合些小工具来解决。

希塔家碗碟的收纳

很多人家中没有设置独立碗碟柜的位置，那么可以利用现成的抽屉，只要规划好了也能收纳得井井有条。
一排三个抽屉的组合在市场上很普遍，我们可以这样利用。

第一层一般比较浅，可以收纳小型的碗碟，碗碟之间利用一些工具来分类。

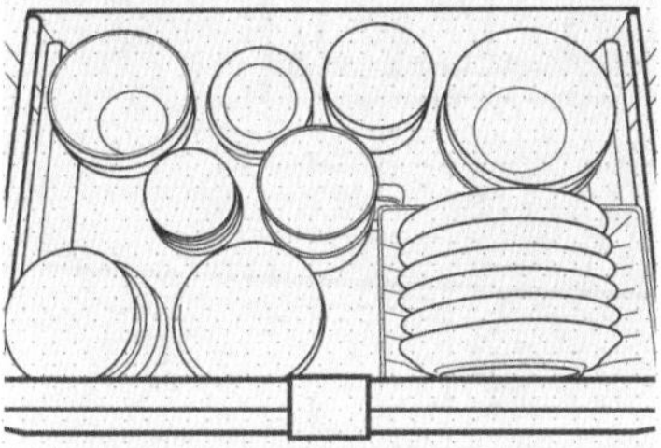

第二层会稍微深一些，收纳大小适中的碗碟。

第三层一般比较深，可以竖向收纳一些大盘子和深碗。

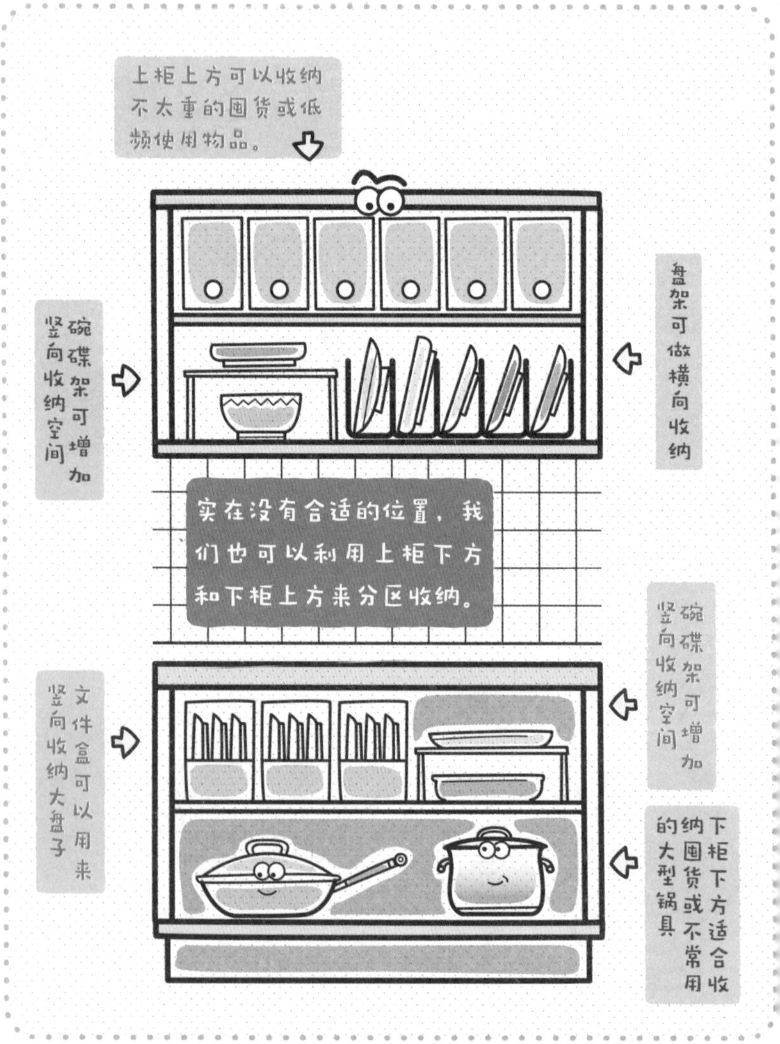

上柜上方可以收纳不太重的囤货或低频使用物品。
碗碟架可增加竖向收纳空间
盘架可做横向收纳
实在没有合适的位置，我们也可以利用上柜下方和下柜上方来分区收纳。
碗碟架可增加竖向收纳空间
文件盒可以用来竖向收纳大盘子
下柜下方适合收纳囤货或不常用的大型锅具

上柜适合收纳体积较小的碗碟。和独立碗碟柜一样，可以利用纵向分隔工具加上横向分类工具来进行收纳。

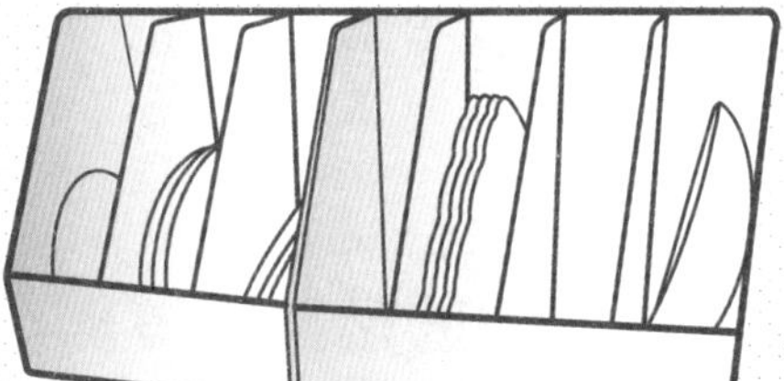

下柜适合收纳大盘和大碗。除了盘架，文件盒也是个好帮手。

杂粮干货的收纳

一般家庭杂粮干货的个体与体量都不会太小，所以会分成常用量和囤货量两部分进行收纳。这两部分在室温25°C以下常温储存，25°C以上就要放入冰箱，冷藏或冷冻分类保存。

杂粮常自带虫卵，买回后放进冰箱冷冻几天，就不易生虫了。

一、常温存储部分有哪些？

1. 各种透明密封收纳罐

适合上下柜体和较高的抽屉，
如果要放入抽屉，尽量选择透明盖收纳罐，易查找。

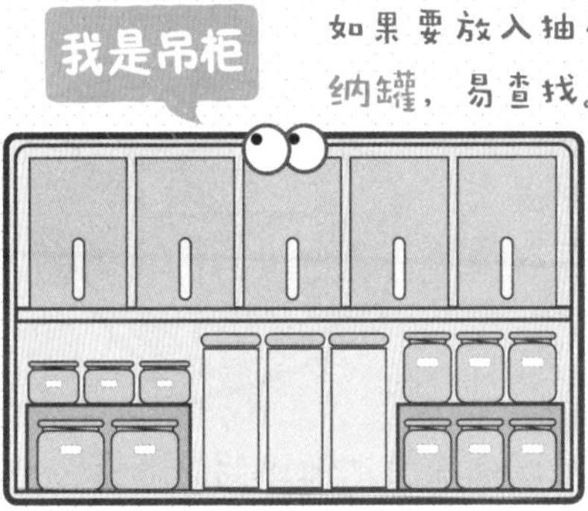

上层适用于大收纳盒，收纳带原包装的囤货量部分。

下层适合收纳常用量部分。

对不太高的收纳盒，可用增加隔层的方式叠加收纳，以扩展竖向空间。隔层有很多种。

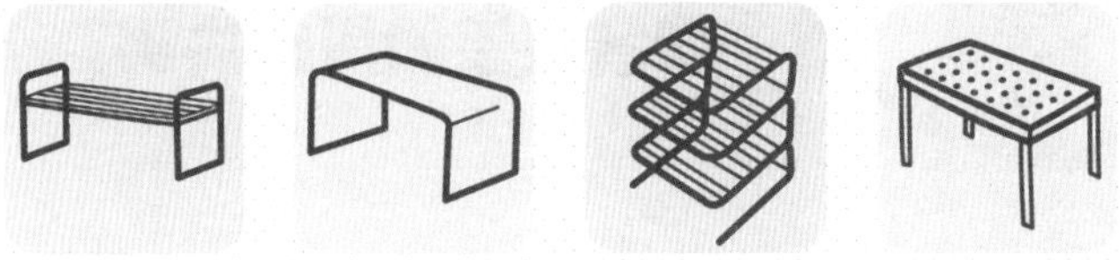

和吊柜正相反，底柜上层用来收纳常用量部分。

下层收纳囤货量部分或者体积较大的收纳罐。

底柜存在进深较大的问题，解决办法是前后摆放，前部放置常用量部分，后部用收纳盒存放囤货量部分。

深抽屉中的收纳罐常常因为不能正好撑满抽屉，而被晃动得乱七八糟的。

那么应该如何解决呢?

我们可以采取以下方法：

①用文件盒分隔空间，把杂粮干货按类别或者体积装入对应尺寸的文件盒，再把文件盒并列放入抽屉。

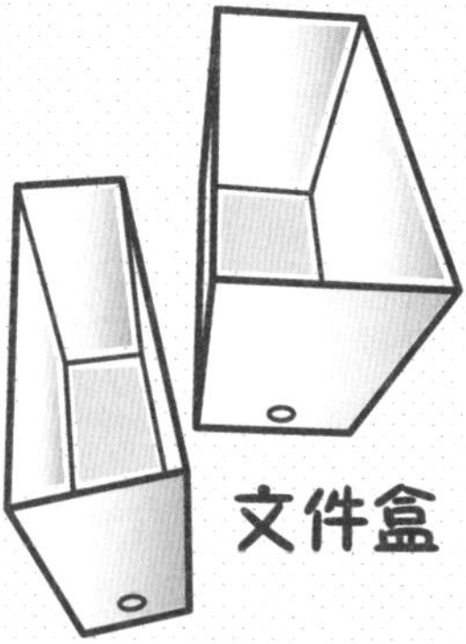

②用伸缩棒分隔。

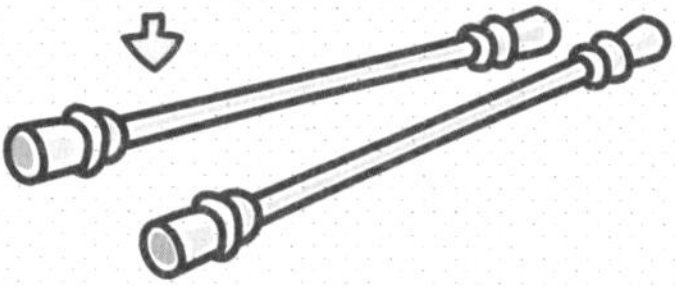

③用抽屉隔板做分隔。

以上方式最好采用纵向分隔，如果是横向，最里面的物品就极难拿取了。

我是书立，瞧，和收纳罐配合得多紧密！

④ 利用书立做分隔。书立体积小，使用灵活，用金属材质也更加稳固。

⑤ 用分隔板进行分隔，但分隔板至少需要两根交叉配合，有可能造成空间浪费。

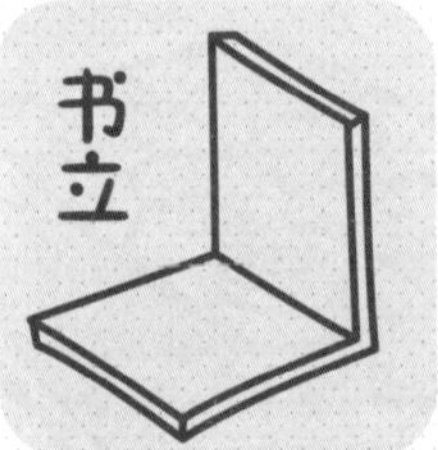

分隔板

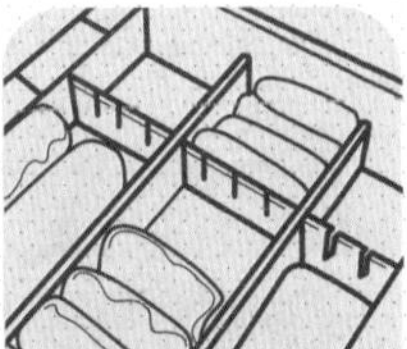

分隔工具非常多，这里就抛砖引玉了。

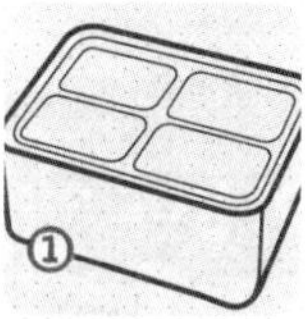

2. 各种扁形密封盒

（适合较浅的抽屉）

①自带分隔的收纳盒

②带透明盖的方形收纳盒

③带透明盖的圆形收纳盒

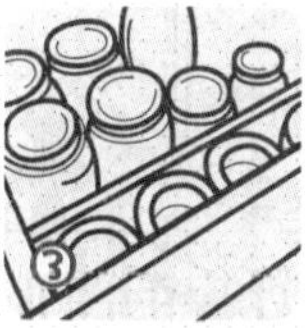

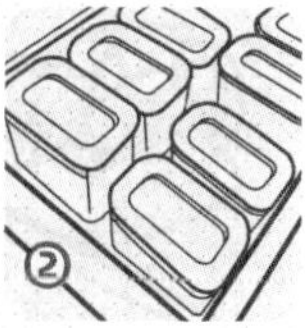

以方形收纳盒为佳，因为方形联排最省空间。

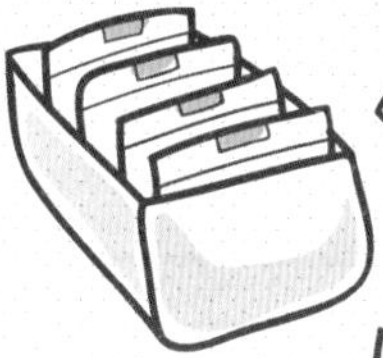

贴上标签

3. 食品密封袋

①将杂粮干货一袋袋密封好贴上标签，装入敞口收纳盒。

②用盘架固定。

（适合柜体内横摆收纳）

③文件快捞夹，可以一袋袋夹好贴上标签收纳。

（如果收纳在抽屉里，须计算尺寸）

盘架固定

文件快捞夹

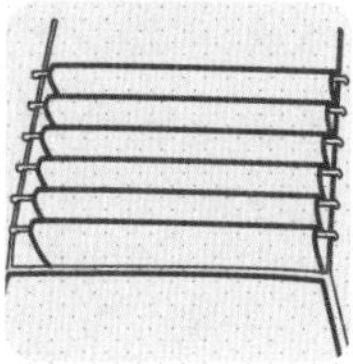

食品密封袋的优点是比收纳罐、收纳盒节省空间，缺点是不适合反复使用，且外形不如收纳罐好看。大家可根据需要进行选择。

鲜奶纸盒

4. 自制收纳工具

曾经我的父亲就用洗干净的鲜奶纸盒来收纳杂粮（需要贴标签来区分）。注意：不要用矿泉水瓶作为收纳工具重复使用，它是一号塑料产品，长时间使用会释放对健康有害的物质。

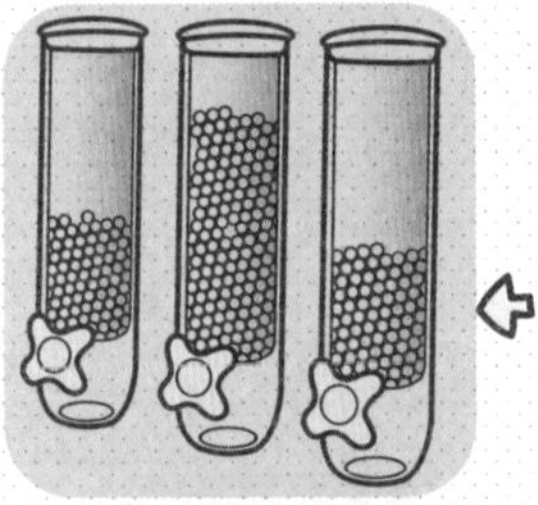

5. 特别的收纳产品

比如，下部带龙头式开口的壁挂专用收纳容器，适合厨房柜体抽屉不多的家庭，利用了墙面的同时，又可作展示品。想想看，一面墙都是这种罐子的场面有多壮观。

二、冰箱存储部分有哪些？

冰箱空间小，所以放进冰箱的杂粮干货一定要尽量压缩自身体积，单个大体积的收纳容器不适合放进冰箱。

如何收纳呢？

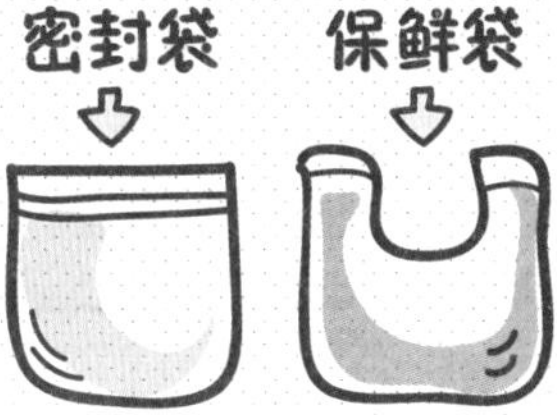

把杂粮干货装入密封袋或者保鲜袋后再统一放入大收纳盒内。

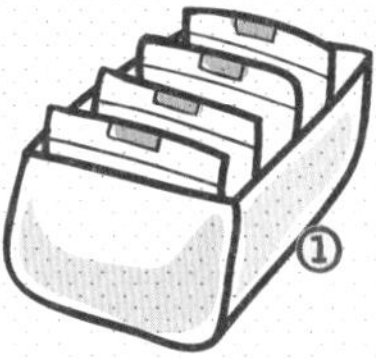

1. 冷藏区

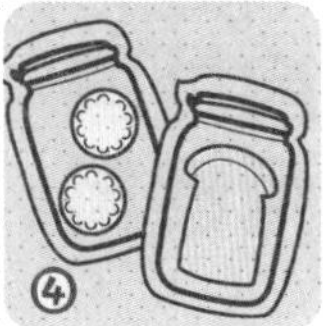

① pp 盒加密封袋贴标签的收纳方式。

② 扁型收纳盒以侧放加侧面贴标签的方式收入大收纳盒。

③ 小收纳盒叠放收纳（叠层数不超过 3 层）。

④ 量少的话，可以使用一种可爱的密封袋，放在冰箱门上，很萌。

2. 冷冻区

①用软软的保鲜袋加牛皮纸袋的组合。保鲜袋自身体积小，非常省空间，它和牛皮纸袋一样，可根据空间自由变形，它们配合在一起称得上是绝“袋”双骄。

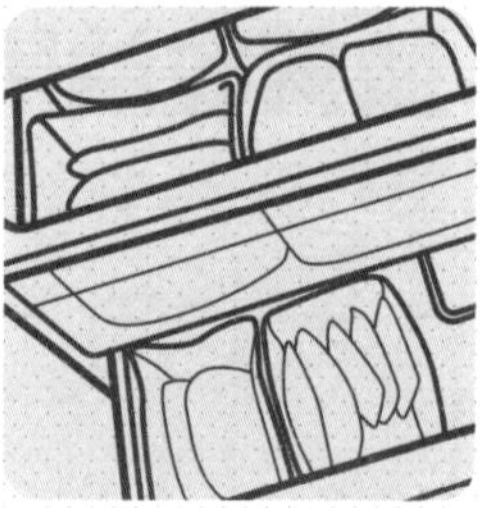

②参考冷藏区①②③，但冷冻区的抽屉内就不能上下叠放了，需要侧放。

牛皮纸袋在使用前要清理，用厨房湿巾将内外擦干净，晾晒后再使用。

我家的杂粮用透明玻璃密封罐收纳在一排抽屉的最下层，因为收纳罐大小不一，为了防止开抽屉的时候罐子左右晃动，我用一块伸缩分隔板将抽屉隔出了两个空间，这样就可以牢牢卡住收纳罐啦。

调味品的收纳

前一节讲了杂粮干货的收纳，调味品和杂粮干货有点类似，都是种类多且杂。

但不同点也很明显：

① 量的多少不同。

② 使用频率有差异。

③ 收纳位置有区别。

基于以上不同点，下面我们来详细讲解。

一般家庭的调味品按性状可分为 4 大类

① 粉状（细颗粒调味品，如盐、胡椒粉、味精等）

② 大颗粒状（花椒粒、八角等）

③ 膏状（各种酱类）

④ 液体状（酱油、醋、油等）

将这些调料装入对应收纳工具后，放在哪里使用起来会更便捷呢？

把东西分类，

就一目了然了。

① 针对粉状调味品的收纳工具。

② 针对大颗粒状调味品的收纳工具。

③ 针对膏状调味品的收纳工具。

④ 针对液体状调味品的收纳工具。

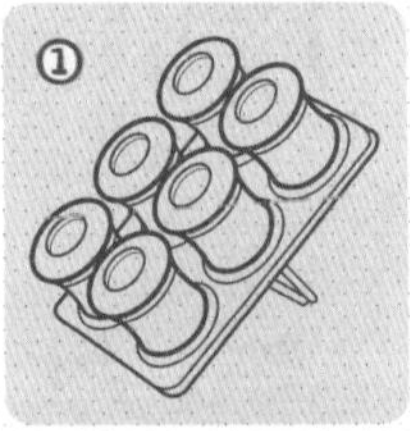

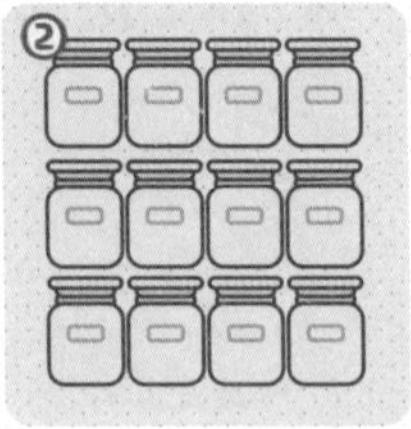

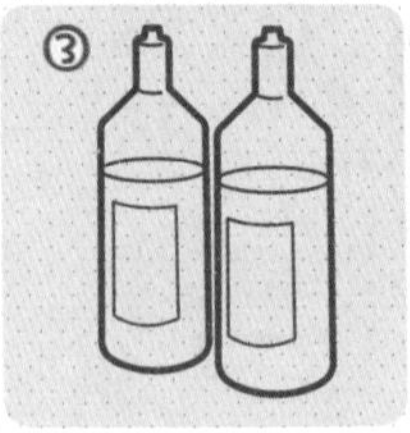

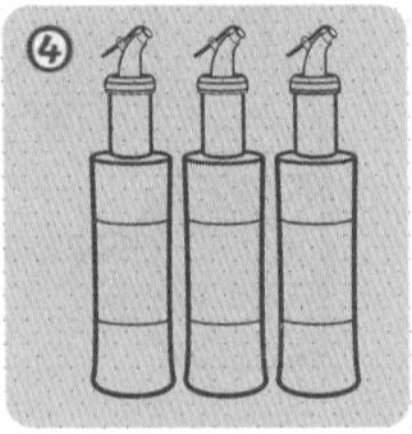

一、在装修阶段就规划好，设计适合自己使用的调味品区。

调味品区属于厨房动线中的烹饪一环，所以设计时需靠近灶具。

①可以在下柜中使用调味篮（款式简单的调味篮更加实用，结构复杂的调味篮会给清理带来负担）。

如下图

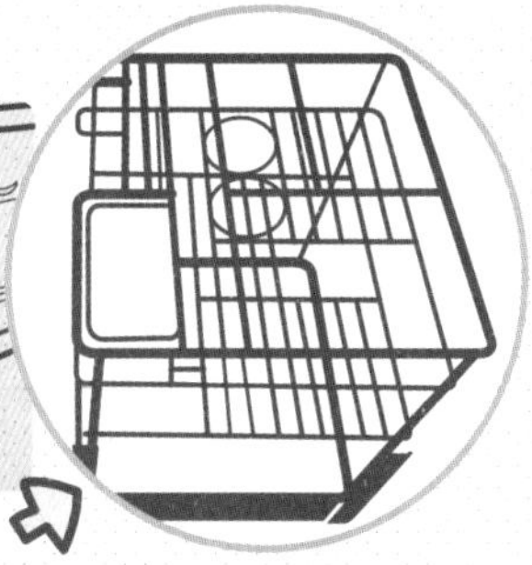

慎选这种细钢丝款的调味篮哦，擦洗起来会很累。

②做高度适合的抽屉配合一些收纳件。

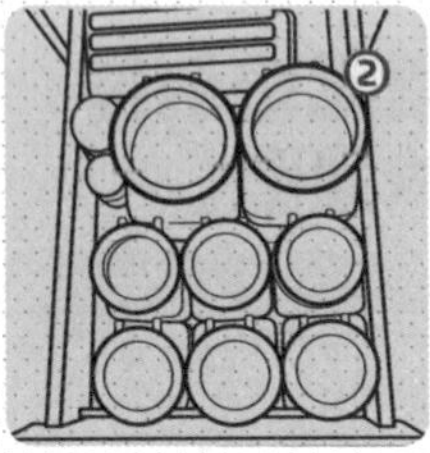

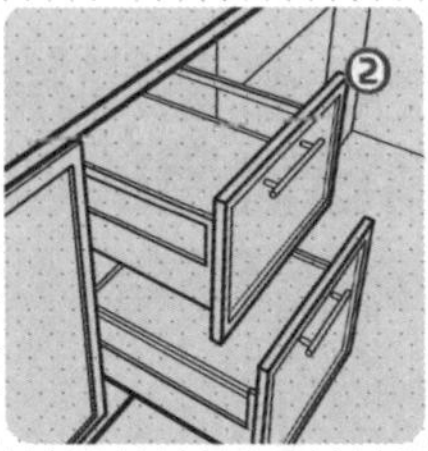

③利用上柜，采用下拉式拉篮，这种拉篮使用起来稍微麻烦些，但能解决下柜空间不足的问题。

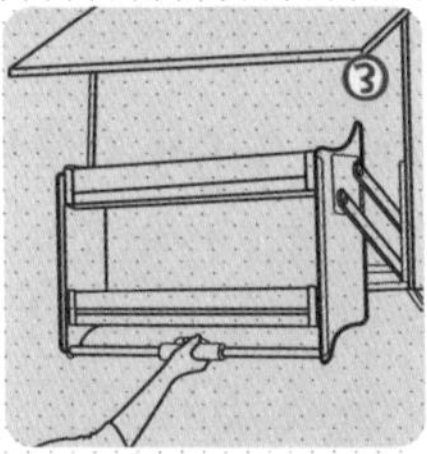

这两种拉篮安装在吊柜下面，可以折叠。

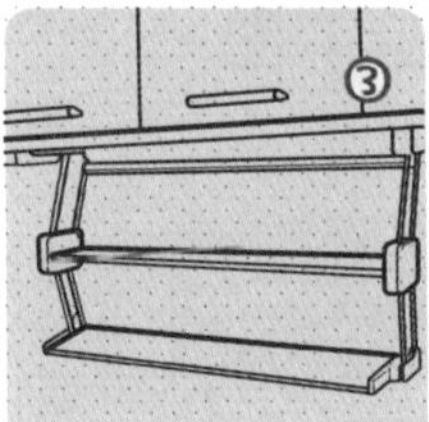

折叠前

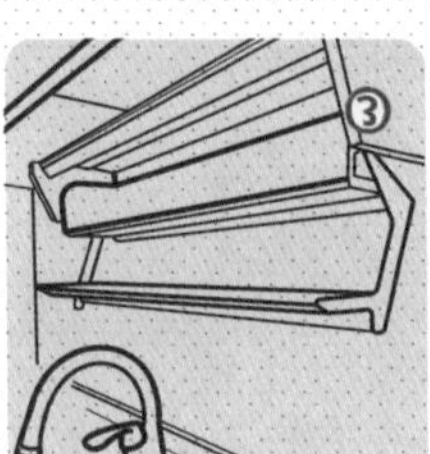

折叠后

④利用柜门，在柜门上安装拉篮（要注意承重）。

二、如果这个问题在设计初期被忽视了，我们后续该如何补救呢？

①可以在下柜增加收纳盒，把调味品按类别放入，使用时整个拿出，用完放回，保持台面无物。

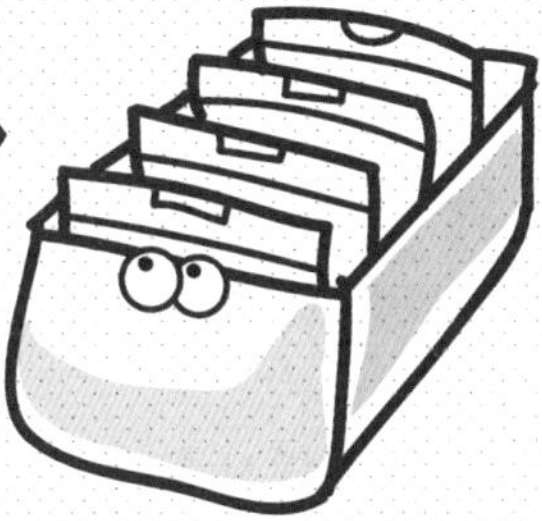

②如果下柜缺乏合适的空间，也可以利用上柜下层。上柜采用的收纳盒不能太大，用多个相同尺寸的小收纳盒可以避免拿取太吃力。

③这种转盘式的收纳工具在上下柜都可以使用。

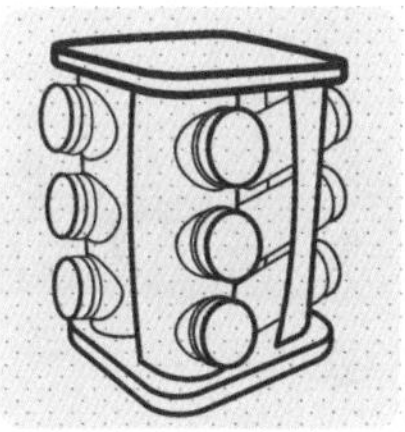

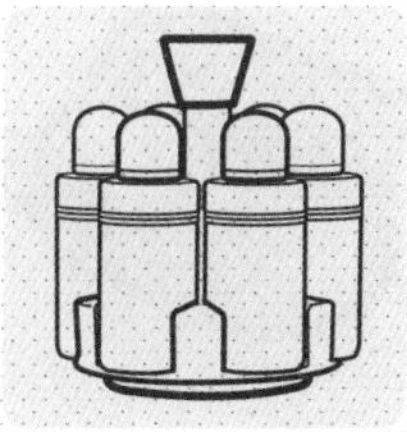

三、在上下柜都没有空间的情况下，我们可考虑上墙收纳

（不到万不得已，不推荐此方式，因为靠近灶具周围的外露式收纳，清理起来特别麻烦）。

上墙有下面几种方式：

①利用挂杆配合挂杆配件。

②旋转式上墙配件，使用时调整位置，平时可以贴墙收纳。

③带有磁铁配件的收纳件。

④实木上墙件，颜值很高。

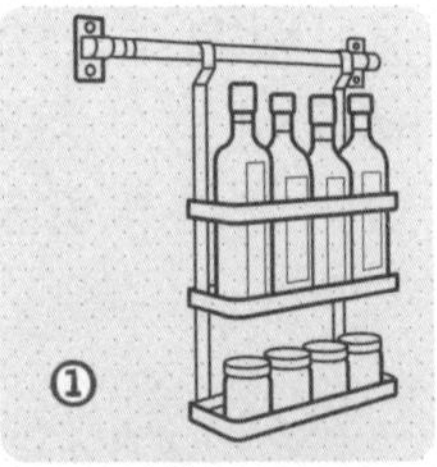

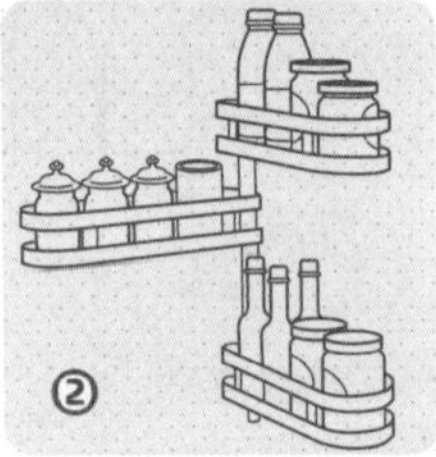

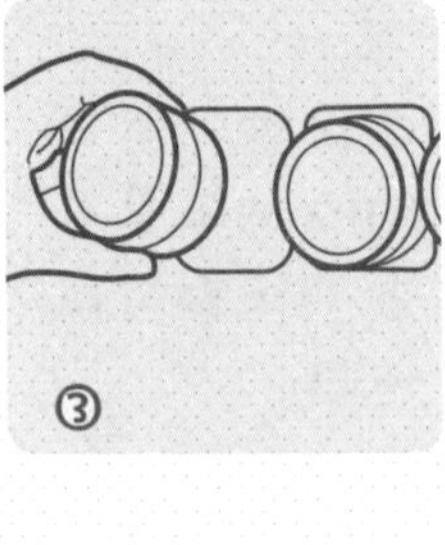

除了常温储存，还有一些调味品需要放进冰箱。

①利用收纳盒分类收纳。

②利用分装瓶收纳在冰箱门上。

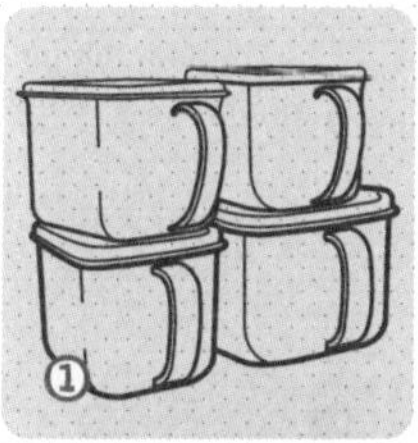

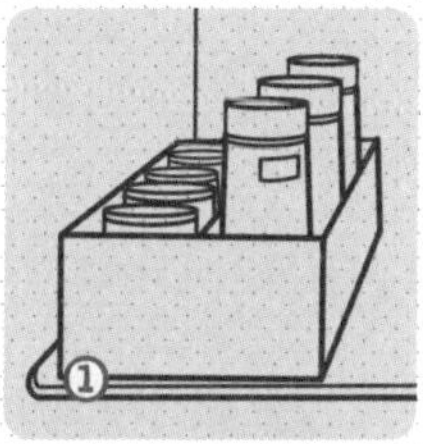

收纳在冰箱里的调味品，每次用完后要注意把外壁擦洗干净再放回，否则容易污染冰箱，使冰箱成为细菌繁殖的温床。

除了常用调味品收纳区，还需要设计囤货区。

比如，大包的糖、盐等，一部分装入分装瓶后，最简单的方法就是在厨房黄金收纳区外，用收纳盒将剩余部分统一收纳。

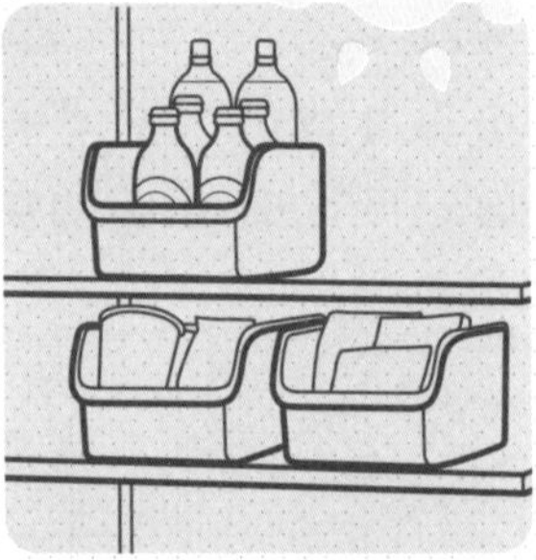

冰箱收纳和囤货区收纳还需要注意一点：

学会利用标签，把每种调料的保质期标号贴在醒目处，避免这两个区域成为过期产品的大本营。

调味品的收纳分装用具，用完后要及时清洗、晾干再使用，避免集中清洗，一是因为工作量太大，二是时间长容易积聚污垢。

⇨ 烘焙工具的收纳

烘焙工具种类繁多，大概可分为以下几种：

①烤盘、烤架类 ②手持工具类
③纸张包装类 ④模具类
⑤电动工具类

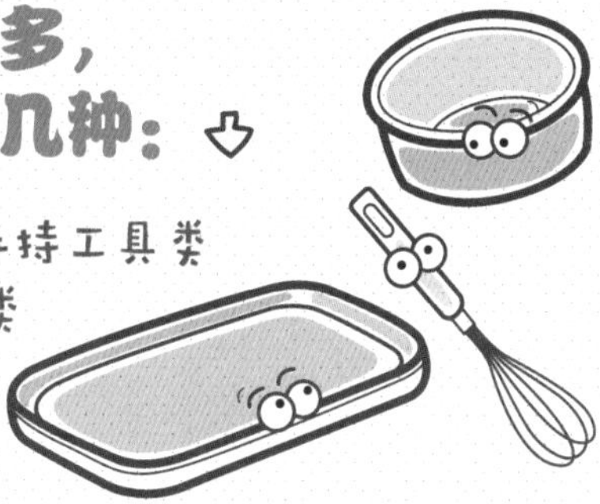

烘焙工具的收纳只要遵循一个原则就不会出错——尽量竖向收纳。为什么？

分析一下上面几类工具的形状就会发现，除了电动工具类之外，其他的要么狭长，要么扁薄，把它们按类别竖向收纳起来，拿取时就不会波及其他。

来看一下如何竖向收纳吧。

1. 将吊柜做成几个分隔区，把烤盘类分隔竖放。分隔方式有如下几种：

①在设计柜子的初期就做好实木可移动分隔。

（图片：@维纳圈儿）

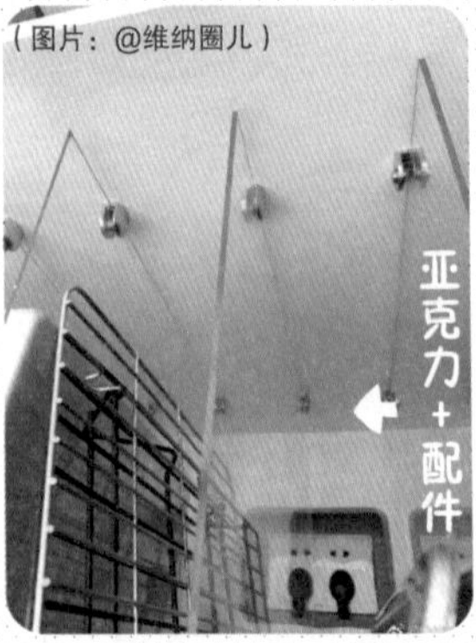

②后期可以利用定制亚克力加配件的方式

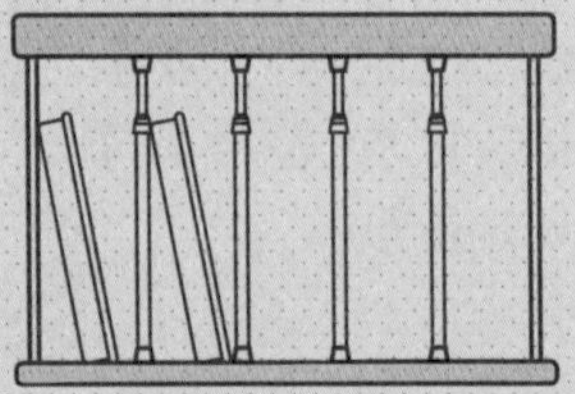

伸缩杆

③最简单的是利用伸缩杆，或购买现成的亚克力分隔整理架。

亚克力分隔整理架

2. 利用高抽屉配合抽屉分隔工具，分类摆放。

①烤盘类和吊柜的分隔方式类似：

中间隔板都可以抽出后左右调节，适合不同高度的烘焙工具。

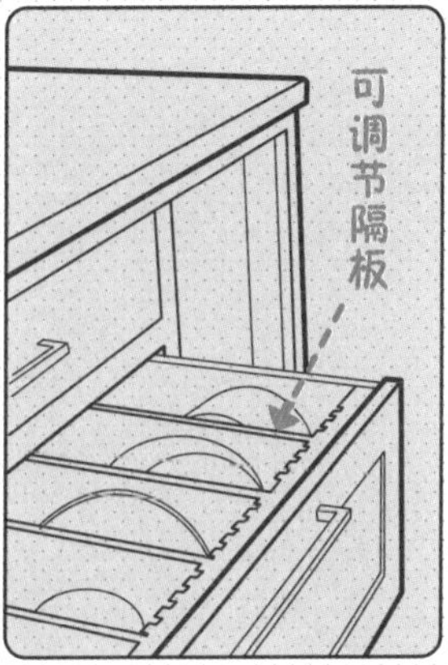

希塔家烘培工具的收纳

②工具、模具等可以利用收纳盒、分隔板来划分空间。

3. 扁抽屉也可以作为工具、模具、纸张包装类的收纳场所。

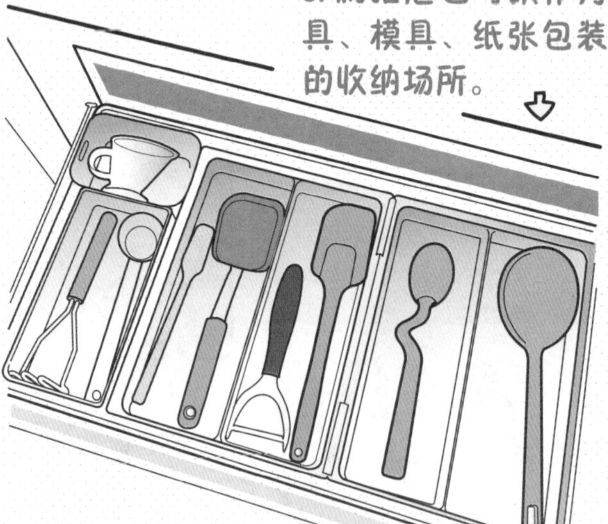

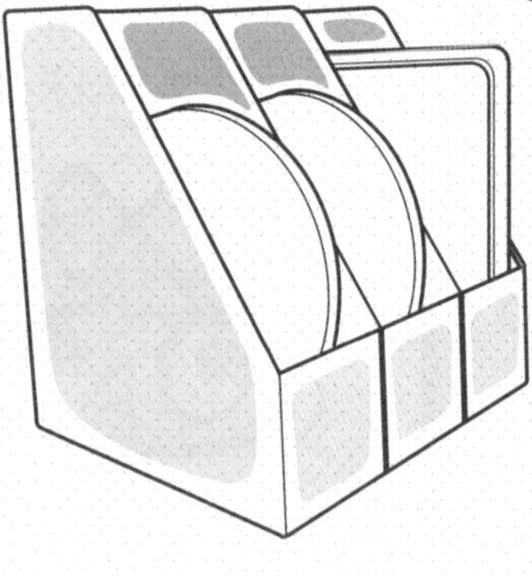

4. 实在没有抽屉可以利用的话，就用各种收纳盒来进行收纳。

电动工具类体积大，而且较重，建议集中设置一个专用的小工具收纳区，确保这些工具在原位置就能工作。

但有时厨房的空间有限，无法设置专门的收纳柜，我们可以利用在橱柜内合适的位置安装可抽拉装置，抽出即可使用。见图⇨⇩

（图片：@娜酱妈咪）

（图片：@娜酱妈咪）

收纳这些工具时，最重要的是学会分类，把相同功能的工具归为一类集中收纳，这样在拿取和放回时就不会混乱。烘焙工具品种很多，如果不进行分类很快就会杂乱不堪。

米面的收纳

接下来，我们来看一看家里储存的大量的米和面怎么收纳呢？

家庭囤积的米面一般在 2.5kg 以上，也有人家里会有 25kg 以上的米面囤货。烘焙爱好者家里的面粉种类很多，如高筋、低筋和普通面粉等，橱柜里往往会撒落得满是米面，特别难打扫。

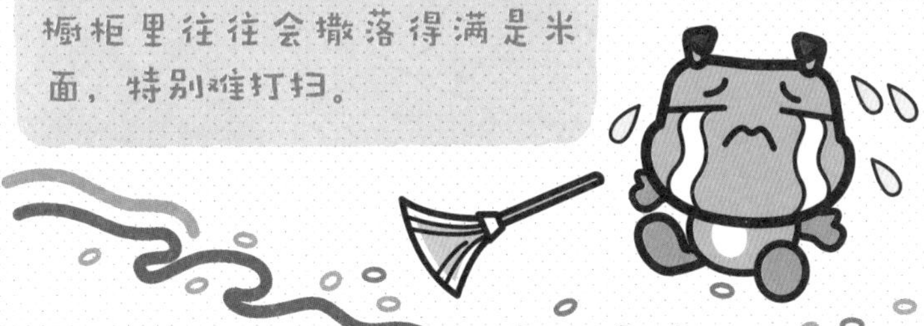

传统的方法是准备一个超大的米桶，将米面固定收纳在一个地方。面粉除了用大米桶收纳外，很多人就直接用夹子夹好原包装袋放进橱柜。

经过多年的使用和分析，我觉得米面改用小密封盒，以化整为零的方式分盒收纳更合理。

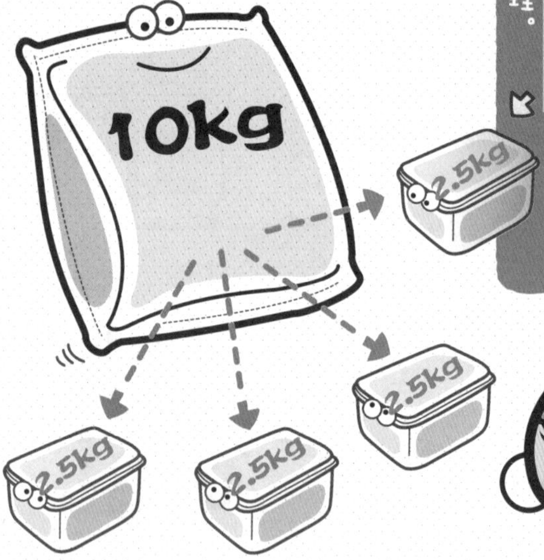

什么样的小密封盒呢？

体积不大，容量在2.5kg以内的密封盒比较合适。看一下我家的密封盒。

希塔用的米面小收纳盒

我家厨房下柜煤气表处专门空出，没有柜门，一是便于抄表，二是大米拿取方便；上层用伸缩杆加一个扁形收纳盒，收纳当天用的姜、蒜。

我家的密封盒开口大、高度浅，更理想的容器是有一定高度的密封盒，这样使用感更好。

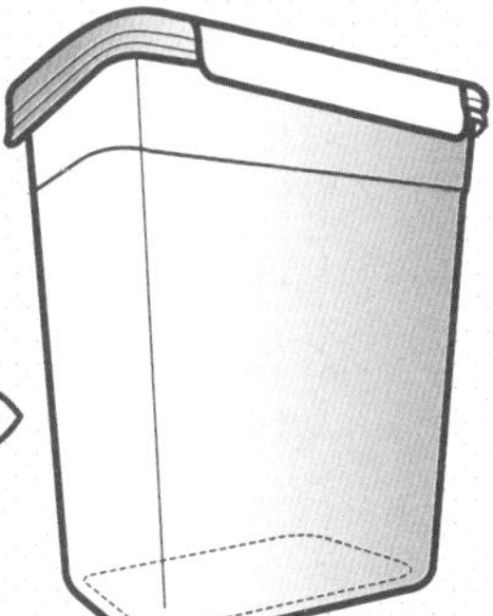

使用这样的密封盒收纳有什么好处呢？

有4个优点：

①一个盒子可以装 2.5kg 大米，即便力气很小的人也可以轻松搬动。

②在使用其中一盒时不会影响别的盒子，这样可以减少米面和空气的接触，不容易变质。

③一盒吃完后及时清洗、晾干，保持容器卫生。由于体积小，十分容易清洗。大的米箱光清洗就很费劲，如果不常清洗，残存的细屑又会引起霉变。

④盒子体积小，可以自由组合收纳在合适的空间。如常用的收纳在常用高频区，囤积的或空的盒子收纳在低频区，更换时只要搬动盒子就可完成。

因此，做收纳时，打破固有思维很重要。

蔬菜的整理与收纳

蔬菜买回后，我们该如何最大限度地保持其新鲜、卫生呢？

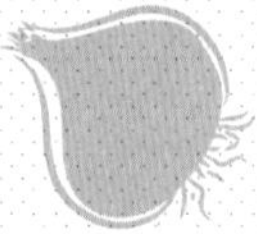

先整理

首先我们根据形状和性质把蔬菜分为7大类：

①根茎类　②绿叶菜类

③长形蔬菜类　④圆形蔬菜类

⑤调味蔬菜类　⑥菌菇类

⑦豆制品

①根茎类

不用清洗，简单去除大块泥土，常温储存即可。

②绿叶菜类

1·常温储存

当天能吃完的绿叶蔬菜，无须清洗，直接放入常温储存区即可。

2·冷藏储存

小叶子蔬菜，如菠菜、荠菜等建议全部洗净，控干水分后用密封袋或者保鲜盒等收纳进冷藏室（密封袋、保鲜盒可以反复清洗，比一次性保鲜膜环保）。

大棵的绿叶菜无须仔细清洗，只需要冲掉根部泥土后擦干，用厨房纸或棉布袋包好放入冰箱冷藏区即可（厨房纸和棉布袋都比塑料制品环保）。

3·冷冻储存

部分蔬菜可以断生后控干水分装入密封袋放入冷冻室保存（宝宝的辅食泥也可以这样处理）。

③ 长形蔬菜类

1.黄瓜、茄子、茭白等带皮的长形蔬菜不用清洗，用厨房纸擦净表面泥土，再用厨房纸或者保鲜膜包裹好放进冰箱冷藏。

2.芹菜等蔬菜因为太长，顶部叶子又多，建议清洗后控干水分，用厨房纸或者保鲜膜包裹好放进冰箱冷藏。

④ 圆形蔬菜类

圆白菜、西蓝花等不用清洗，直接用保鲜膜包裹好放进冰箱冷藏。

⑤ 调味蔬菜类

1· 冷藏保存

洗干净后控干水分，切成合适的大小装入保鲜盒放进冷藏室。

（图片：@维纳圈儿）

2· 冷冻保存

洗干净后切成小块，生姜可以切成姜片，控干水分后装入保鲜盒直接冷冻，使用时无须解冻。

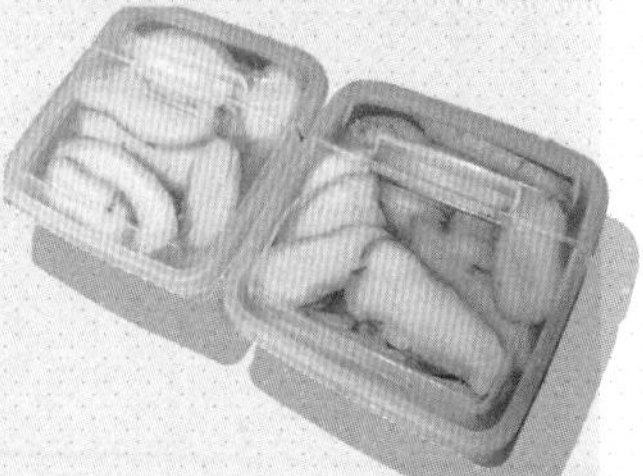

（图片：@维纳圈儿）

⑥ 菌菇类

无须清洗，直接收纳进保鲜盒后放入冷藏室，或者直接装进牛皮纸袋，封好口后冷藏。

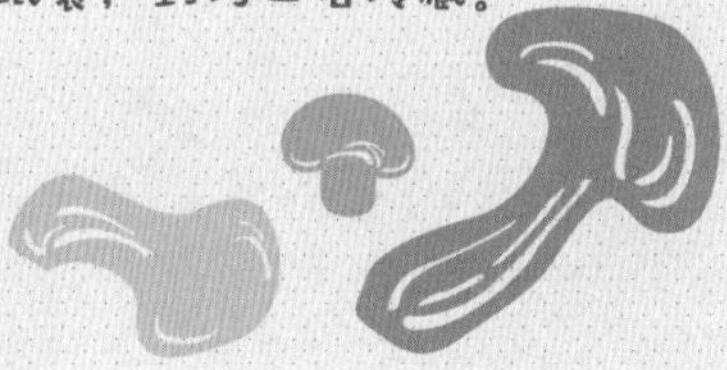

⑦豆制品

1·豆腐

①盐水浸泡后放入冷藏室；

②切成块，两面煎黄，放进保鲜盒冷藏（需加盐）；

③直接放进冷冻室变成冻豆腐。

2·千张

切丝后加盐冷藏，使用时用水浸泡，去盐后烹饪。也可整张叠好冷冻保存。

3·其他豆制品也可以采用盐水浸泡后冷藏保存的方式。

所有冷藏保存的蔬菜、豆制品、菌菇类都要尽快食用，如出现变质要马上处理。

注意点

应该用流水清洗水果和蔬菜。对于肉类食材，可通过多次浸泡去除血污，不建议直接手触清洗，也不建议用流水清洗，以免污物喷溅。

讲完蔬菜的整理方法，然后呢？

再收纳

金属挂篮

小推车

其实现在买菜已经很便利了，送菜上门也很快捷，所以大多数家里无须囤积大量蔬菜。个别根茎类、瓜果类、调味类蔬菜需要常温储藏，其他种类都处理好冷藏或冷冻即可。

针对少量在常温下存放的蔬菜，用小推车、金属挂篮等就可以解决啦。

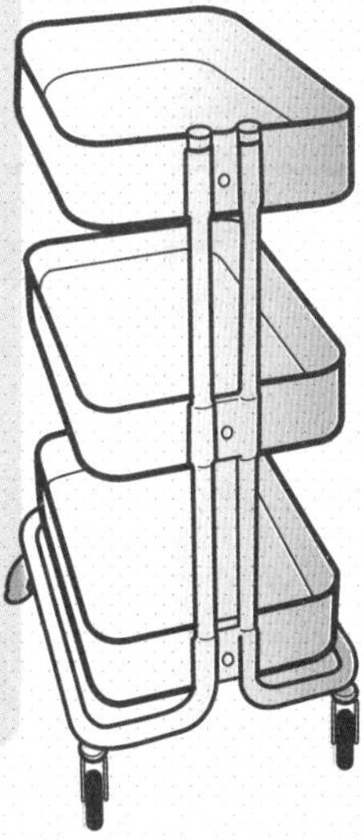

有老人的家庭可能会有囤积蔬菜的习惯，还有逢年过节要储存大量的蔬菜，这时就需要设置专门的常温蔬菜区。
因为我家有老人经常送来大量的蔬菜，所以我就准备了这样一个区域。

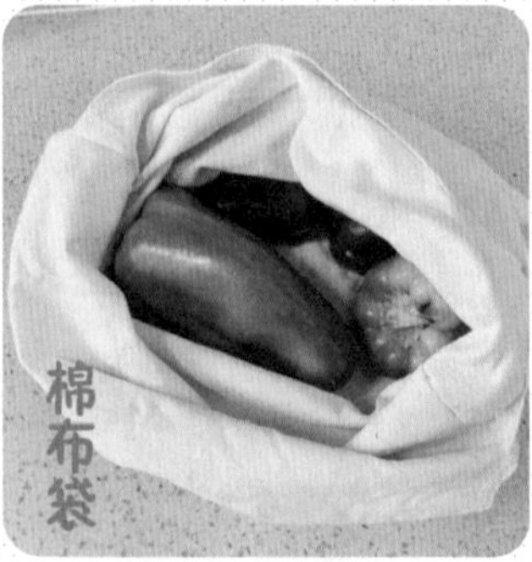

牛皮纸袋用来收纳蔬菜非常适合，用它分类蔬菜可以隔脏，还能透气。只要没有被泥水大量污染，一个纸袋能用很久。怕蔬菜的水分流失的话，可以在上方再套一个牛皮纸袋。
除了牛皮纸袋，我还很喜欢用棉布袋装蔬菜，棉布袋可以水洗，反复使用，非常环保。

那除了以上工具，还有什么收纳工具可以存放大量蔬菜呢？

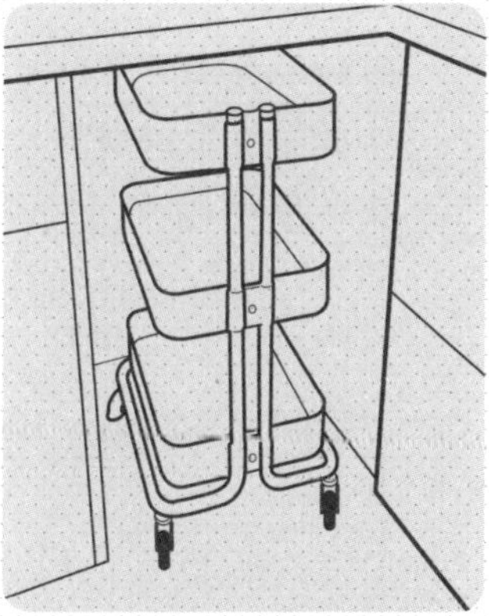

①用小推车收纳蔬菜是一个非常好的办法，但它的摆放位置有讲究，最好在设计厨房的时候就在橱柜下预留出空间。

②把下柜空出一列，做成开放式橱柜，安装金属拉篮来收纳蔬菜。

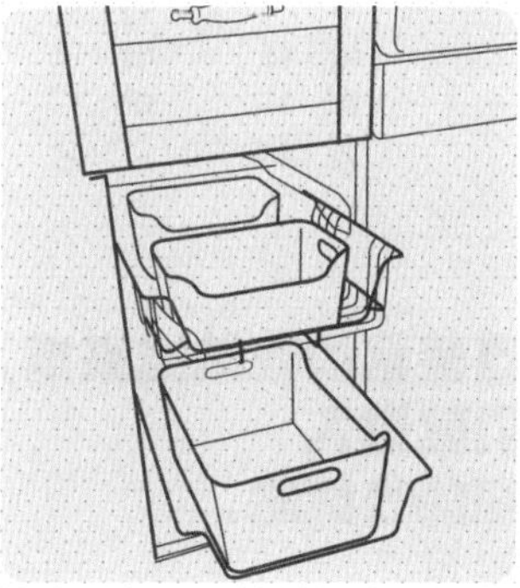

③空间实在不足的情况下，可以在墙面上安装进深较浅的挂篮来收纳蔬菜。

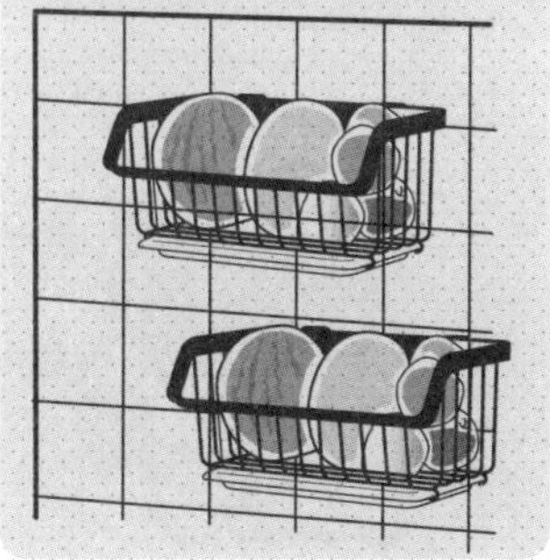

④如果有地方可以单独放置货架或推车，可以用网篮与带孔收纳盒结合的方式收纳。

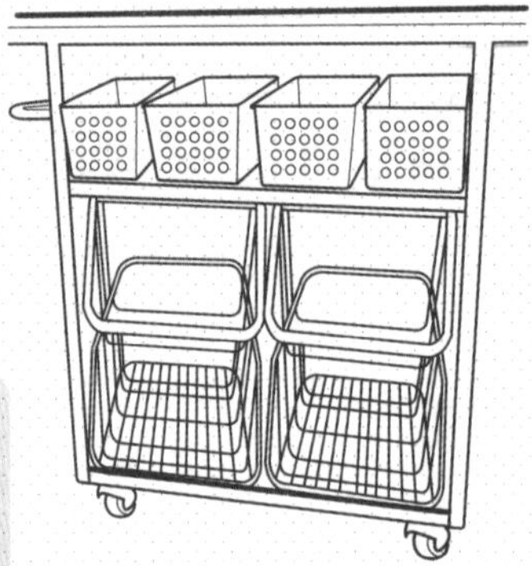

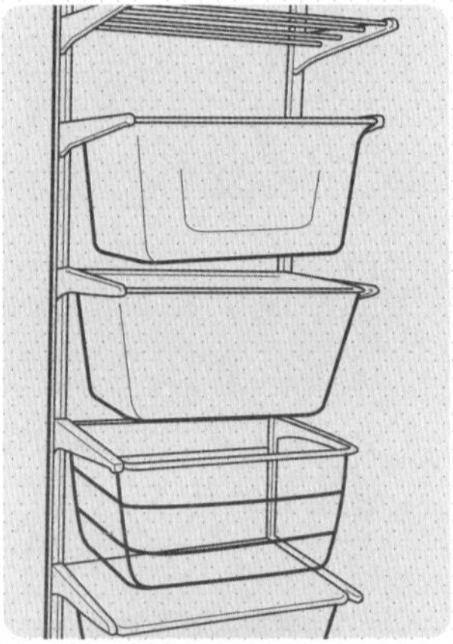

⑤有独立空间的话，可用墙面挂件进行收纳。墙面挂件非常灵活，可以安装隔板、挂钩和网篮等，还可以根据自身需要进行调整。

常温蔬菜的收纳结束后，我们就进入冰箱的收纳吧。

➩ 冰箱的收纳

（图片：@娜酱妈咪）

瞧瞧冰箱里的客人们，噢哟！
蔬菜瓜果、生食熟食、干货酱菜、
饮料牛奶……
有的冷藏，有的冷冻，
我们该如何整理收纳呢？

其实冰箱也是一个小房子，我们在首次进行家庭系统收纳时，可以把冰箱作为整理的练手对象，先把食物的房子整理好，有了心得再来整理我们的屋子。

冰箱整理的第一件事就是要注意食物保质期，我们需要把冰箱内所有的食物进行一次大体检，把过期的、日期不明的、霉变的食物清理掉，清理完我们才能进入收纳环节。

清理完食物，开始分区分类。根据冰箱不同的温度和区域为食物进行分类。

冷藏区

隔板层：
适合乳制品、熟食。
生食蔬菜冷藏区：
适合生的果蔬。
冰箱门：
温度较高，适合部分奶制品、饮料等。
冷藏室靠外部分会比内部温度高，不会立刻食用的食品可以往里放。

冷冻区

冷冻室：
除了冷冻鱼肉、杂粮干货、奶酪等常规食物，焯过水的蔬菜也是冷冻室的常驻食物。
将大米、杂粮和豆类在夏季来临前放进冷冻室冻两天，就能冻死里面的虫卵，从而减少夏季生虫的机会。

零度区

零度保鲜室：
适合在两三天内食用，但又不想冷冻的生鱼、生肉、部分瓜果、时蔬，但有些怕低温的蔬菜放在这里容易冻伤。

现在我们来看看各区域的收纳吧

一·冷藏隔板层

上部由于高度造成视觉受阻，拿取不便，可用收纳盒组合搭配来提高便利性。

（图片：@娜酱妈咪）

中部是冰箱的黄金收纳区，最常取用的食物可以放置在此。

下方的承重力最强，可以留出一定的备用区域，来临时放置剩菜、剩水果等。

（吃不完的西瓜，或者容易泼洒汤汁的容器下方，最好垫上盘子，以免污染冰箱隔板）

二·生蔬菜冷藏区

如果生食和熟食在冷藏室的同一空间的话，建议将所有生蔬菜清洗后再放入。部分不适合清洗的蔬菜（如番茄、黄瓜、茄子等）及菌菇类，都尽量用牛皮纸袋或者密封袋、保鲜膜密封好，分类放入。

希塔家冰箱的收纳

有的冰箱蔬果盒体积比较小，大棵的菜花不能整棵放入的话，就清洗好，切成小块，控干水分后放进保鲜盒或者密封袋，分类放置。

三・零度保鲜室

用收纳盒划分区域，鱼肉类带有汁液，最好用保鲜盒密封好，再收纳进零度保鲜层。蔬菜类用密封袋保存即可。

四・冰箱门

一些奶制品和调味品都可以放在这里储存，最好在每个盒子底部垫上厨房纸，避免污染冰箱。调味品每次用完后都应将表面清理干净，再放入冰箱保存。

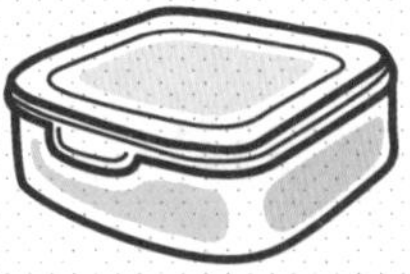

（图片：@娜酱妈咪）

五·冷冻室

冷冻的肉类、蔬菜、米饭尽量包裹成手掌大小的方形后再竖立收纳，一是便于拿取，二是节约空间。是的，除了焯水蔬菜可以冷冻保存，熟米饭也是可以冷冻保存的。方法是：趁热用保鲜膜包裹好后直接放入冷冻室冷冻，食用时用微波炉加热即可。

冷冻米饭

（图片：@娜酱妈咪）

冷冻熟蔬菜

（图片：@娜酱妈咪）

这样几乎不会损失新鲜米饭的风味，米饭、馒头、面包这些主食其实都适合冷冻保存，因为冷藏保存会使淀粉老化，而使食物失去原有的口感和风味。

冰箱收纳的要点

①学会给食物定点定位

每个家庭的食物需求其实是有规律的，给常用食物固定位置并控制空间的大小，就会避免同一种食物因购买过多而逾期。

用收纳盒控制食物数量

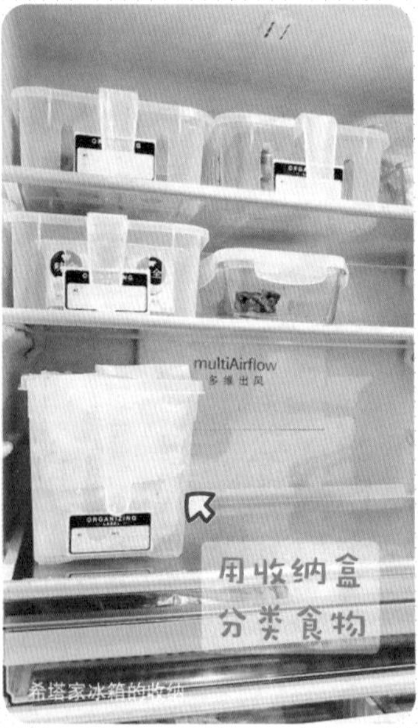

用收纳盒分类食物

希塔家冰箱的收纳

②学会使用收纳盒等收纳工具

冰箱一般进深都不小，为了避免后面的食物被遗忘，可以利用收纳盒来达到抽屉的效果。将同一类食物收纳在一个盒子里，避免翻找的麻烦。

冰箱的果蔬区和冷冻区利用收纳工具可以合理分区，这样拿取一样食物时不会波及其他而造成混乱。

③学会根据食物保质期来排队

采用前旧后新的顺序，把接近保质期的食物摆在前面，尽快食用。也可用左旧右新的方式排序，即左边的食物接近保质期，尽快食用，食用完后整个向左推，新的继续收纳在右边，这样可以避免食物已过期却不自知的情况发生。

（图片：@娜酱妈咪）

（图片：@娜酱妈咪）

④学会使用标签定位

如果盒子不是透明的，就用贴标签法来标明收纳盒内的物品，这样家人寻找起来也很方便。

⑤定期整理

每月需整理一次冰箱，调整一些已混乱的物品，保持最佳收纳状态。调整收纳的同时清洁冰箱，（见『冰箱的清洁』）保持冰箱的卫生。

清洁工具的收纳

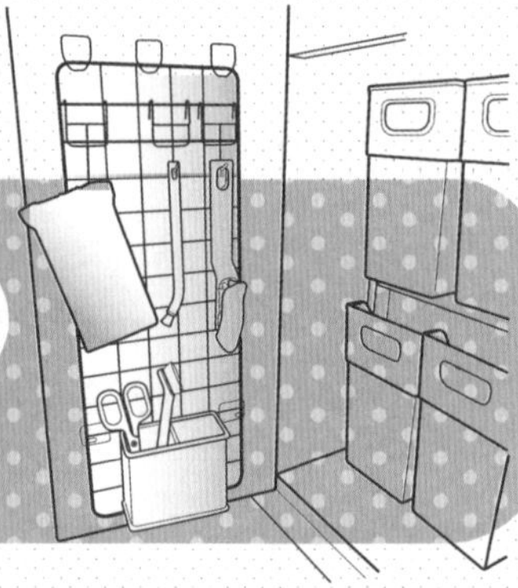

家中的清洁工具该收纳在何处？该用什么方式收纳？

清洁工具使用频繁，每个区域还有特定的工具，我们应该根据区域进行就近集中收纳。

大家可能都有这样的经验，打扫工具拿取不便或放置的距离太远，会使人产生懒惰心理，不是懒得去打扫，就是打扫后忘记把工具放回。久而久之，要么工具沦为无用之物，要么家中变得乱糟糟。

所以，根据自家的户型、空间和个人习惯，选择合适的收纳位置是很重要的。这个位置的选择其实也很简单。

只需遵循一个原则：就近收纳。

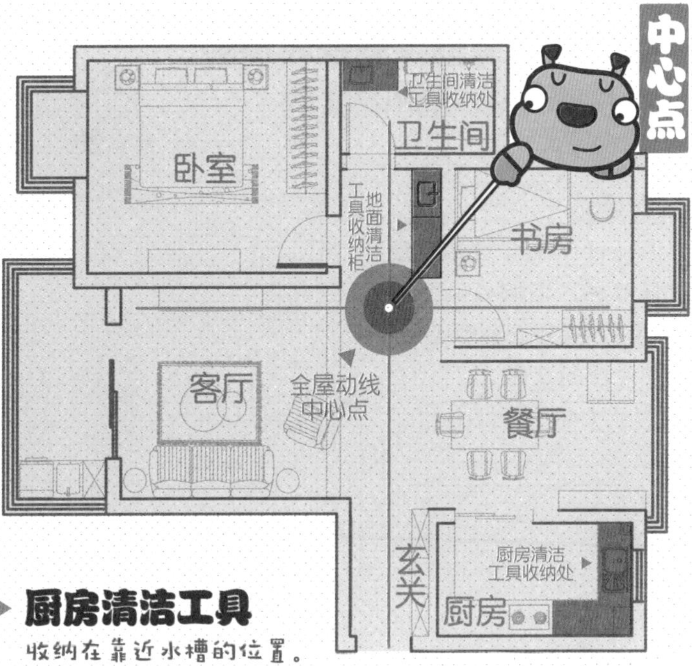

▶ **厨房清洁工具**

收纳在靠近水槽的位置。

▶ **卫生间清洁工具**

收纳在靠近浴室柜的位置。

▶ **地面清洁工具**

收纳在靠近全屋动线中心点的位置，这样去任何一个地方，动线都不会太长。

一般打扫工具都是悬挂收纳的，可以用来悬挂收纳的工具有哪些呢？

①洞洞板

洞洞板可以配合挂钩、挂篮进行收纳，洞洞板的型号很多，小到柜门，大到整面墙壁，都有合适的尺寸。

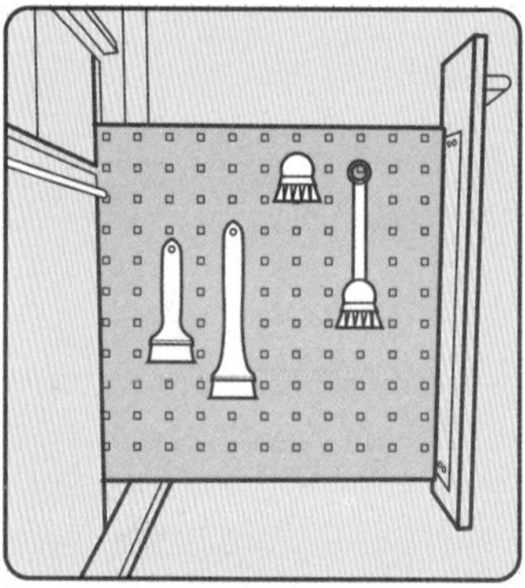

洞洞板可以安装在橱柜里，拉门双面都能悬挂。⇧

②挂钩、挂件

以螺丝安装的挂钩、挂件可以用于墙面挂重物；免钉的挂钩、挂件可以用于瓷砖和柜门等光滑表面挂轻质物件。不推荐真空吸附式挂钩、挂件，因为总会有掉下的风险。

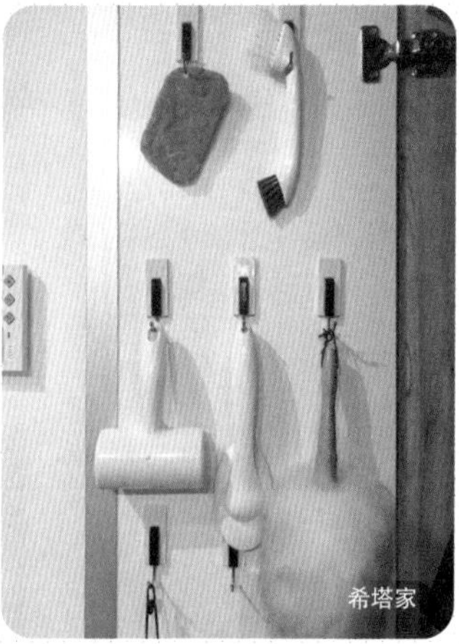

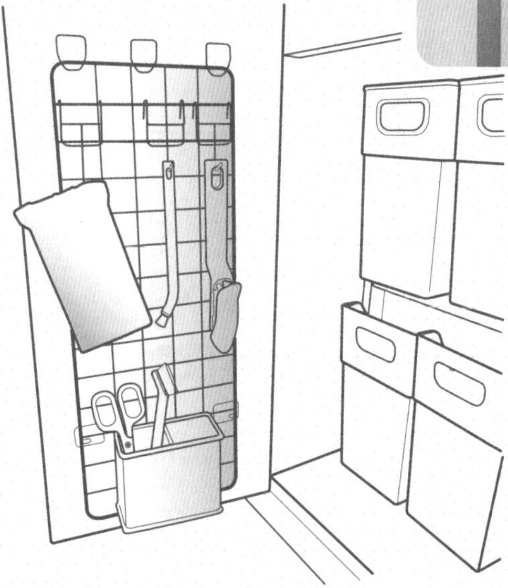

③网格板

网格板其实和洞洞板属于同一类，也可以配合挂钩、挂件等悬挂产品使用。

除了悬挂收纳，我们可以学习公共场所保洁工的做法，准备一辆小推车，收纳所有的清洁剂和清洁工具，平时放在合适的位置，用的时候推出来，哪里需要就推到哪里，真的很方便。

任何一种收纳方式，
都要结合自身习惯，遵循以下原则：

①就近收纳原则

②分组收纳原则（把在同一场景下使用的工具按组别统一收纳）

③便于拿取和使用的原则

这样家庭清洁会更加便利、轻松。

➪ 鞋包的收纳

我们是好邻居

为什么要把它们合在一篇讲解呢？因为这两样都是出门必备的物品，一般都收纳在玄关处。

它俩的使用动线是顺位的：穿鞋➪拿包➪出门，所以它俩的收纳位置要尽可能靠近，才能让动线流畅。

一、鞋类的收纳

很多人家的玄关狭小，鞋柜容量不大，常用鞋数量如不加以控制，就会造成柜内拥挤、柜外杂乱的情况，所以鞋柜小的家庭需要分常用鞋区和换季鞋区。

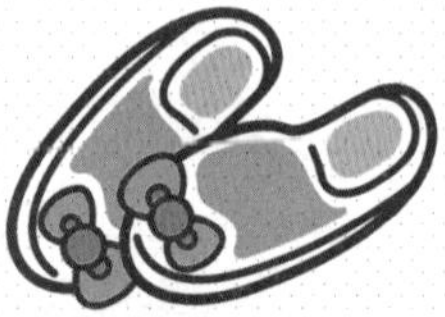

1. 常用鞋最好按家庭成员来分类收纳，专人专区使用，这样固定区域收纳容易控制数量。

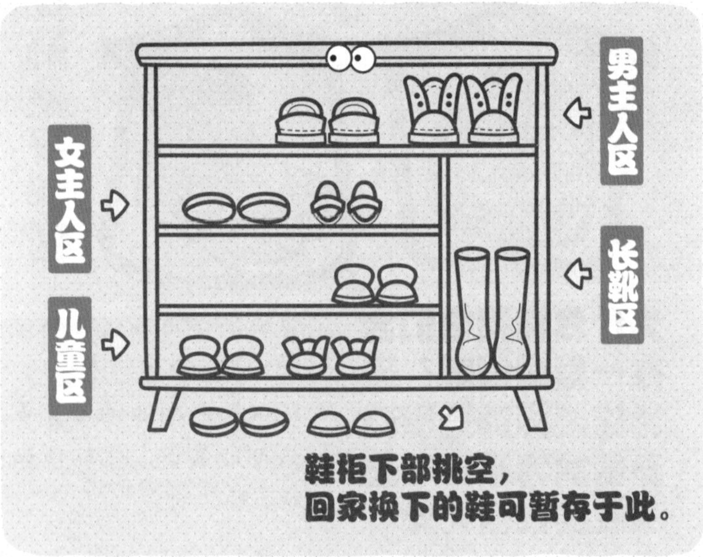

2· 换季鞋另选位置收纳。

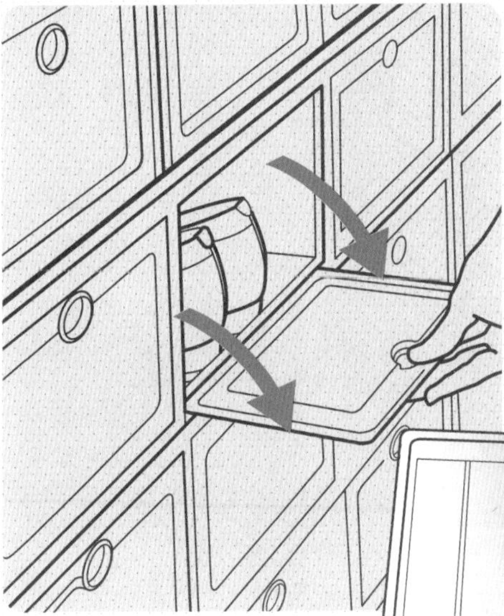

①用这类能自由拆分、带门的塑料鞋架来收纳，可以放在储藏室、衣帽间这样的位置。⇦

②用这种塑料抽屉收纳可放在缺少隔板的橱柜里。⇨

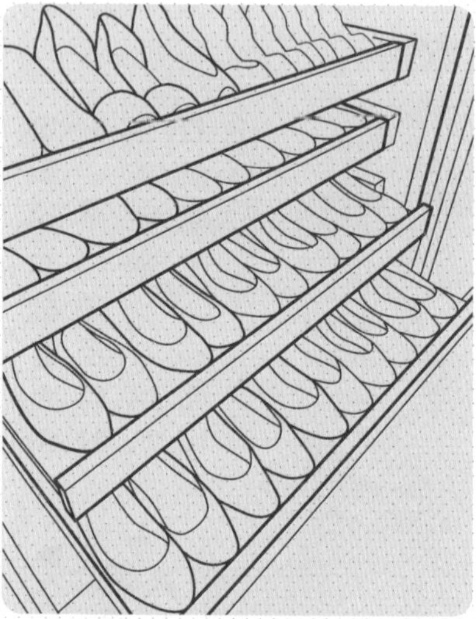

③鞋柜也可以做成抽拉式，这样的设计适合有一定进深的鞋柜，里外两层也很容易拿取。

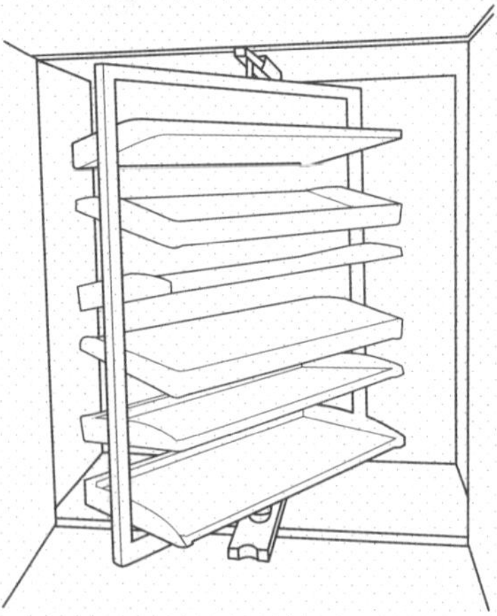

④还有这种能旋转的鞋架，相同空间却能增加一倍的储存量。

3·拖鞋的收纳。

常用拖鞋建议单独收纳，可使用单独的简易鞋架或者固定在门后等。

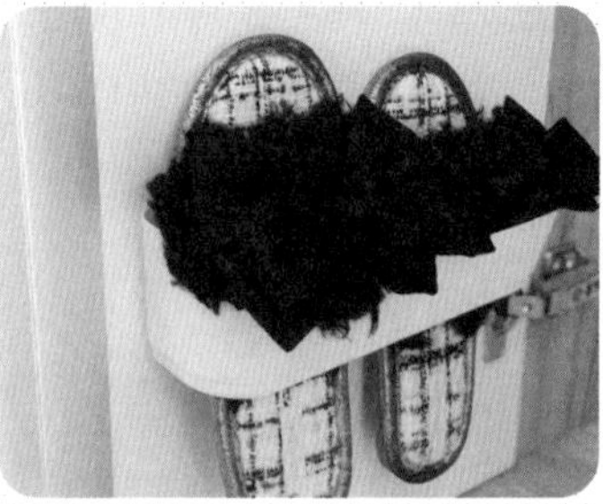

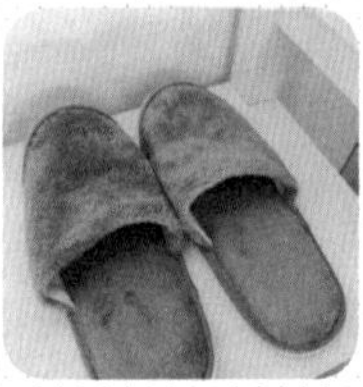

对于客用拖鞋，我家采用购买酒店一次性拖鞋的方法，占地小，好收纳，客人不介意的话穿完可以直接带走。

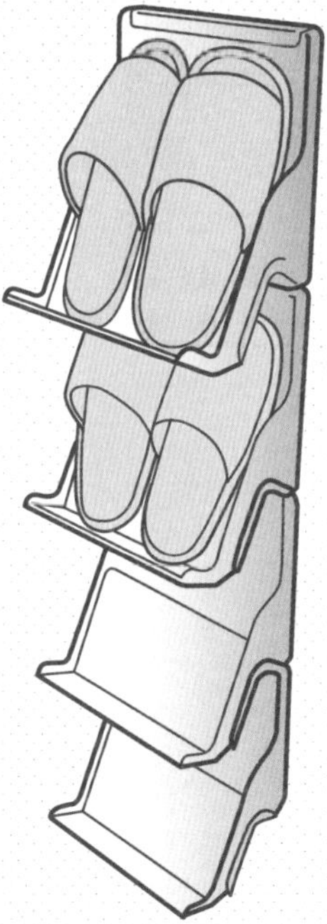

换季的拖鞋可以竖向排列，放进收纳盒，再安置在换季鞋区。

我们还可利用以下小工具来提高空间利用率。

在鞋柜里增加伸缩杆来挂靴子，这样里外两层空间都能用来收纳靴子，提高了空间利用率。

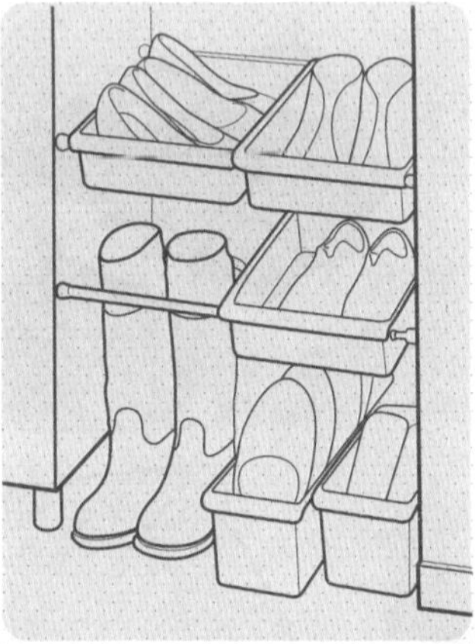

伸缩杆和收纳盒一起用，可以把角落利用起来。

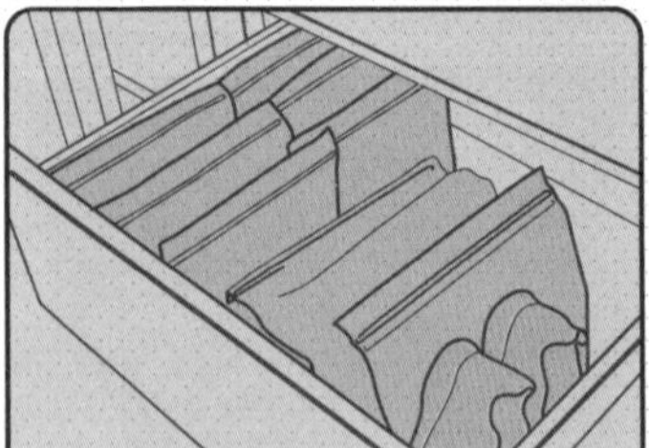

换季鞋可以用密封袋装好竖向收纳在深抽屉里（童鞋特别适合这样收纳）。

鞋子收纳区可以准备一包湿纸巾，每次回家后及时擦一下鞋底、鞋帮，可以使收纳区更干净。

鞋子里可以塞炭包来吸味，现在也有专门的除臭喷雾，喷在鞋里能很快去除味道。

鞋柜里除了放置炭包，还可放置包裹好的咖啡渣、小苏打等，都可以去除异味。

二、包包的收纳

1. 硬皮包收纳要做到各就各位、挺胸站直、保持距离，否则包与包之间相互挤压，容易发生变形。

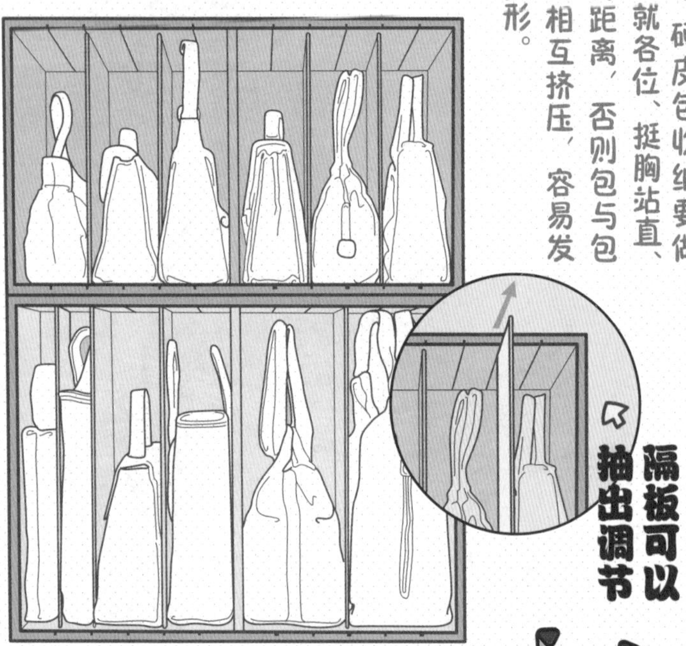

①有条件的家庭建议在设计玄关时，就把包包的位置留出来，用可调节隔板来划分收纳空间。

②可利用书立给包包做隔断。

③也可用文件盒做包包的隔断。

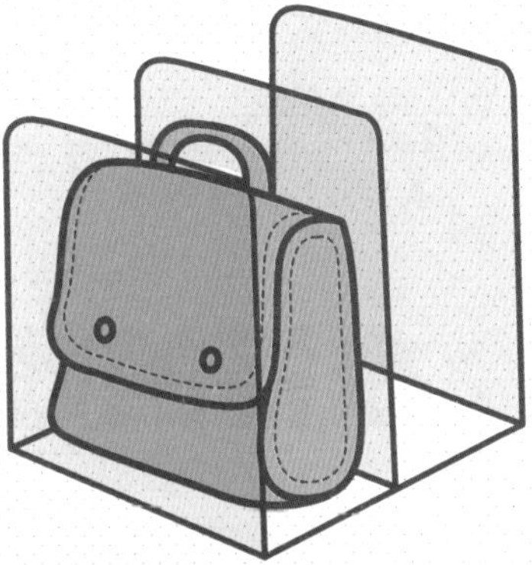

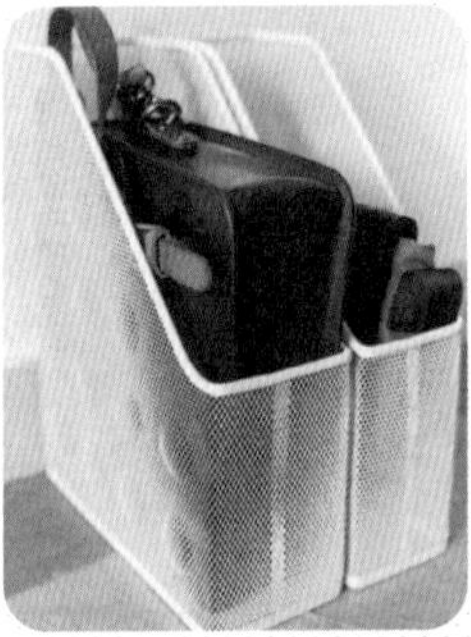

注意：高档皮包需要先放进包袋再一一收纳。

2·软面包包就方便很多了，利用挂钩、挂件收纳即可。

（部分高档羊皮软包也要装入包袋后再收纳）

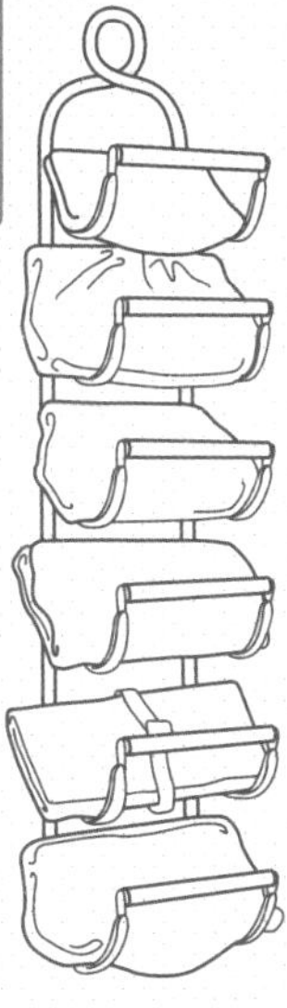

衣柜的收纳

衣柜物品大概分类如下：

1. 小件物品
2. 棉毛衫裤
3. 家居服
4. 裤子
5. 毛衣
6. 裙子
7. T恤
8. 衬衫
9. 外套、大衣
10. 运动衣裤
11. 帽子、围巾
12. 皮带
13. 床品
14. 被子、毯子

衣柜东西多，要先整理再收纳，不然空间再大也不够。把物品全部拿出，按类别分好，再分出无用、有用和待定三种。

无用的处理掉，待定的等收拾完再来整理，先收纳确定有用的这部分。

首先把适合挂起来的衣服，根据实际情况和个人习惯，按季节和长短全部悬挂起来。

比如：外套、大衣、裙子、衬衫、裤子都是适合悬挂的。

悬挂的方式如下：

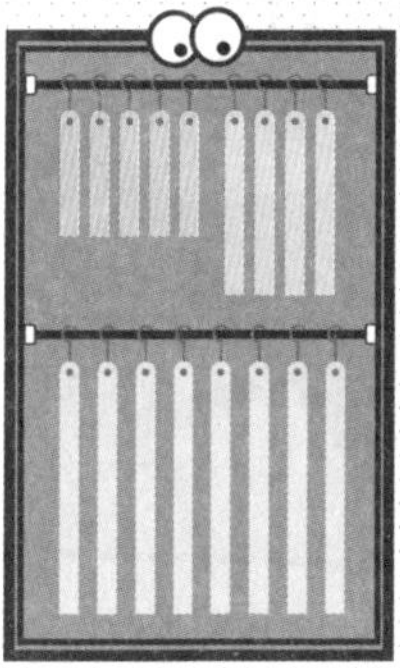

①分上下，上面设为短衣区

（短外套、衬衫、短的半身裙）

下面设立为长衣区（长外套、大衣、长裙和裤子）。

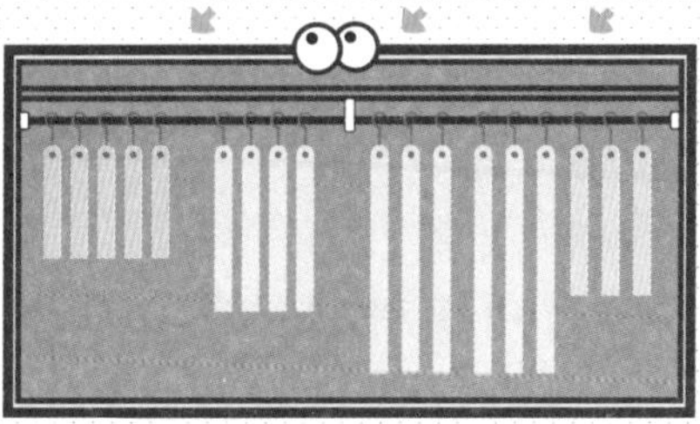

②通长型，从短到长进行排列

（短区和长区也要按季节来划分才不会混乱）。

③儿童衣柜要根据身高调整挂衣杆的高度，有利于培养孩子的自主收纳能力（可以购买伸缩杆或固定配件用螺丝自行安装）。

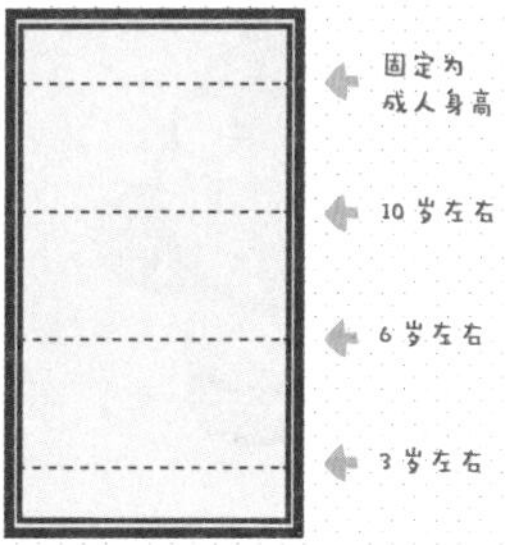

悬挂的衣物处理完毕后，再来进行叠放区的收纳。

①小件物品可用小型的收纳工具，竖向折叠收纳后再统一摆进衣橱或者塑料抽屉。

如果都是木质抽屉，也可买隔板件来划分区域。

a. 小件物品

b. 棉毛衫裤

c. 薄款家居服

都适合用这种收纳盒。

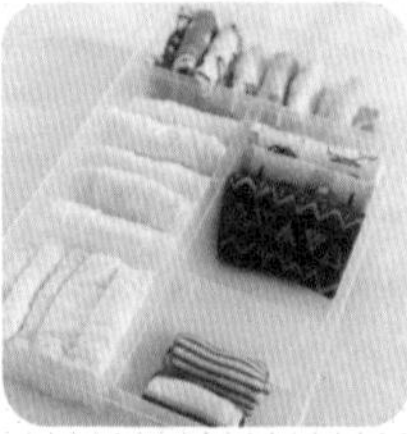

带分隔的盒子

无纺布盒

②准备合适的收纳抽屉来收纳叠放衣物。

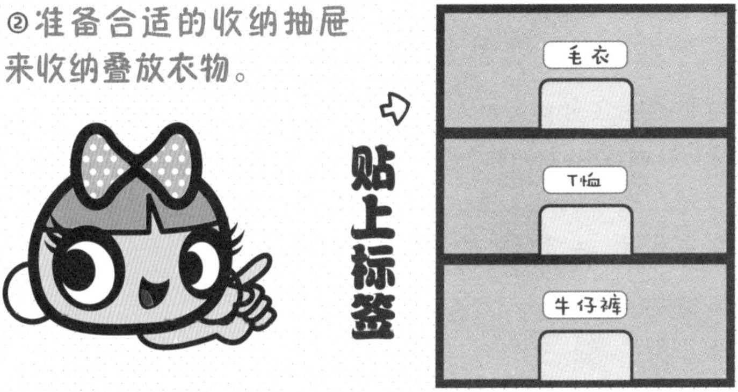

● 衣柜里推荐用塑料抽屉叠放衣物，这样按类别收纳好贴上标签，一目了然，还可以根据需要来增减或移动。

●空间足够的房间，也可单独用斗柜收纳衣物，木质斗柜更稳固美观。

●不管用哪种抽屉收纳，当一个抽屉里的内衣物品或小件衣物太多时，建议在抽屉里增加上页所述的收纳件进行分隔。

在这一步里，我们可以解决厚家居服，不必悬挂的牛仔裤、短裤、毛衣、T恤、运动衣裤、围巾，可以叠放的帽子的收纳问题。

③不能折叠的帽子要如何收纳呢？

过季的帽子可以叠放起来，放入带把手的收纳盒，收纳在衣橱的最上面。帽子重量轻，适合高处收纳。

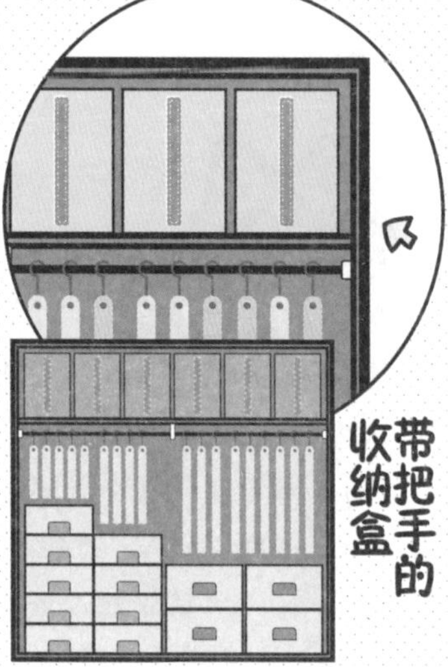

使用中的帽子属于隔夜衣，建议挪出衣柜，收纳到门后或玄关处，这样方便穿戴，也会使衣柜更干净。

收纳方式如下：

- 购买挂帽器，多个挂帽器可以竖向排列。
- 这种横向挂帽杆也可以参考，适合在玄关墙面做开放式收纳。
- 大一点儿的挂钩也能起到同样的作用，可以根据空间自由摆放。

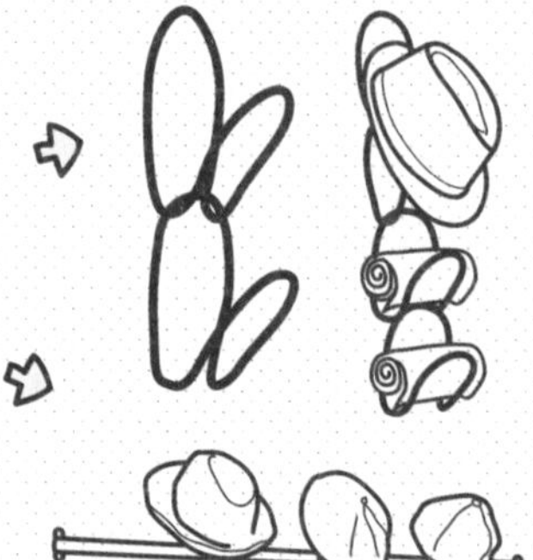

有分隔的收纳盒

皮带专用盒

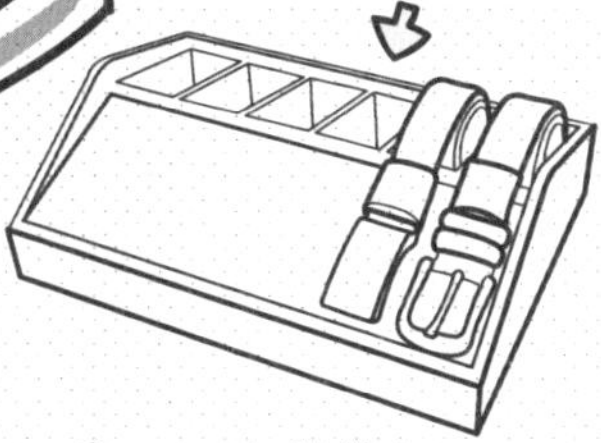

多用挂钩

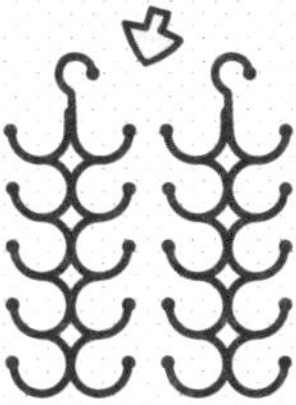

④皮带的收纳

可以买带分隔的收纳盒，把皮带卷起来存放，也可以用挂钩把皮带挂起来收纳，还有各种专门收纳皮带的收纳件，可以适应不同的空间需求。

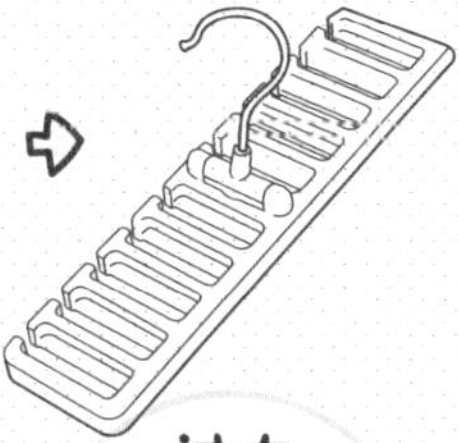

好了，衣服类的收纳基本结束了，但还有一些过季衣物的收纳问题需要解决。

过季衣物可用不同的收纳盒，按季节分类存放在衣柜顶部，不要选择过大的盒子，以免拿取不便。

这样带把手的中等大小的收纳盒就很适合。

尽量不要在衣橱顶部叠放收纳盒，否则拿取会很不方便。

下面就到床品、被褥了，它们也是衣柜中的重要组成部分。

床品

可以将被套、床单、枕套分开收纳，也可将床单、被套套入枕套合并收纳，根据自己的生活习惯来即可。

床品可以直接叠放好竖向放进抽屉。

也可以叠好放入收纳盒后放进衣柜。

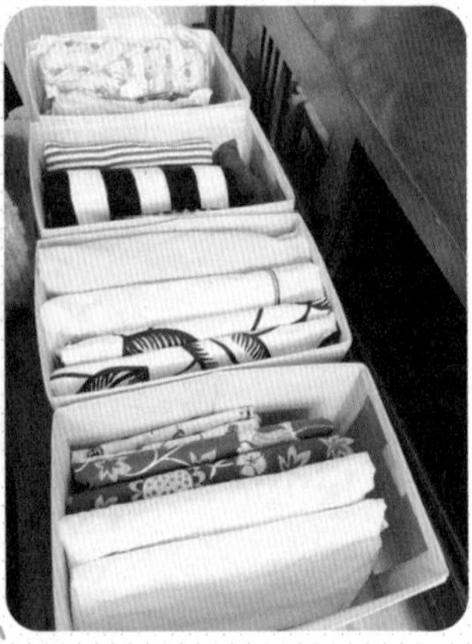

或者叠好直接放进这个抽屉里。

收纳在这个位置。

被褥

棉被除了羽绒、蚕丝、棉花等天然材料内芯，还有聚酯纤维内芯。
聚酯纤维内芯可以叠好，用压缩袋压缩后放入整理箱。

薄毯和珊瑚绒这类毯子都可以压缩后收进整理箱。

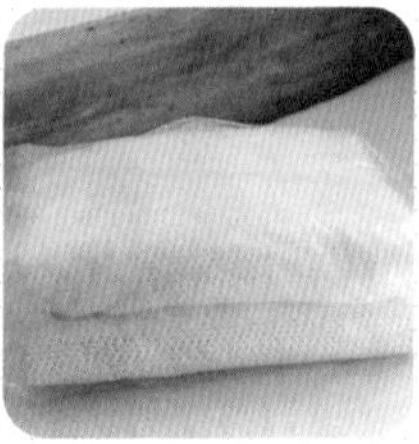

天然材料的内芯叠好后用大塑料袋套好直接收进整理箱（不适合用压缩袋压缩，容易损坏天然纤维）。

有用的部分收纳完后，把待定区的衣物也按类别单独存放，保存半年。如果半年里频繁使用就挪到保留区，半年内完全没有使用过就放入无用区，与无用的物品一起处理掉。

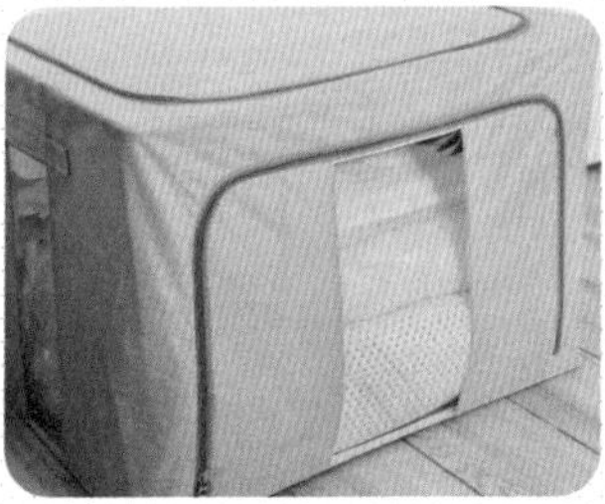

被褥收纳箱

最后，以一个 1.8m 长、2.4m 高的定制衣柜为例，较合理的收纳方式如下。

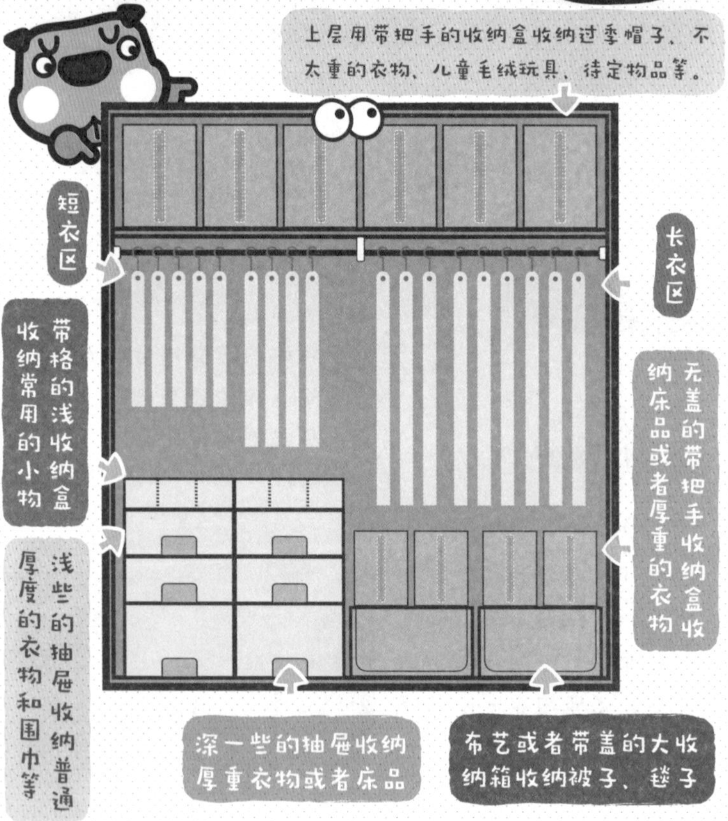

希塔家儿童房的衣柜

玩具的收纳

玩具可分为几类：

① 毛绒玩具
② 乐高（拼插玩具）
③ 车模
④ 积木（包括木质、磁性、塑料积木）

⑤ 拼图
⑥ 橡皮泥（主要指盒装）
⑦ 画纸、手工作业

下面让我们看看什么样的收纳柜和收纳盒适合收纳玩具吧。

收纳柜和收纳盒（收纳柜背后须固定在墙体上）

①高度在120cm以下，进深30cm左右的书柜式收纳柜，ok!

②格子式的矮柜，ok!

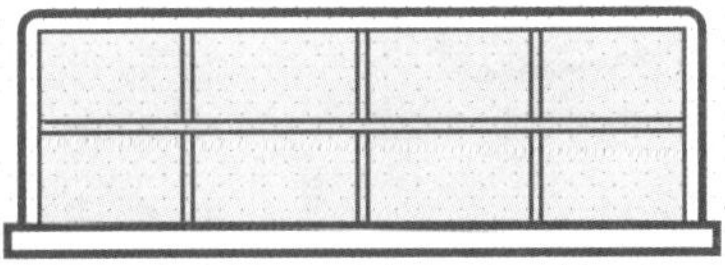

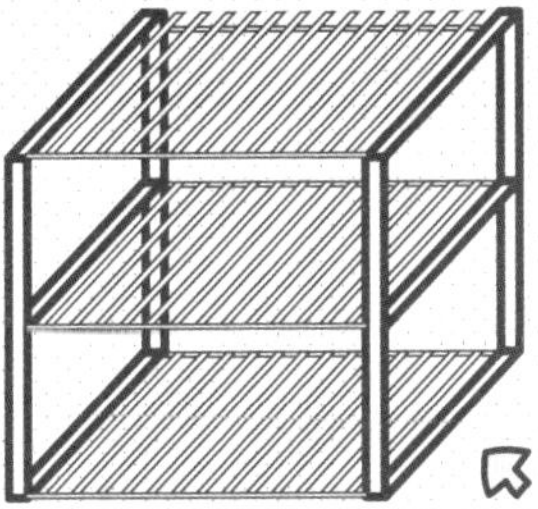

③不高的金属层架，ok!

用上面几种收纳柜配合下页的收纳盒。

配合的收纳盒

注意点

①不推荐纸盒和藤草类收纳盒，前者易损坏，后者难清洗。

②收纳盒尽量不要带盖，否则会妨碍孩子自己收纳、拿取。

它们是如何使用的呢？

如何使用？

①毛绒玩具

大的可以用收纳桶，
小的可以用各种盒子。

②乐高

ⓐ大颗粒可用各种盒子，
ⓑ小颗粒用抽屉分类收纳，
或者用拉链袋分类后，
装入收纳盒贴上标签。

③车模

ⓐ 数量不多的小车模集中放入收纳盒，大车模用作展示。

ⓑ数量多的车模可用透明展示架在柜子里或者金属架上层层展示。

ⓒ利用磁性刀架收纳铁质车模。

ⓓ用隔板架固定在墙上展示。

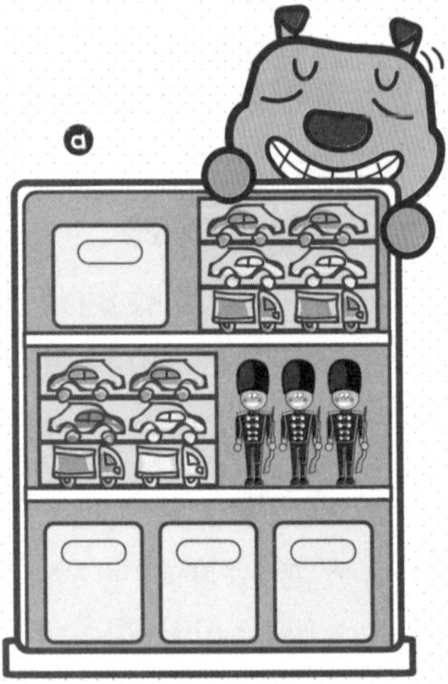

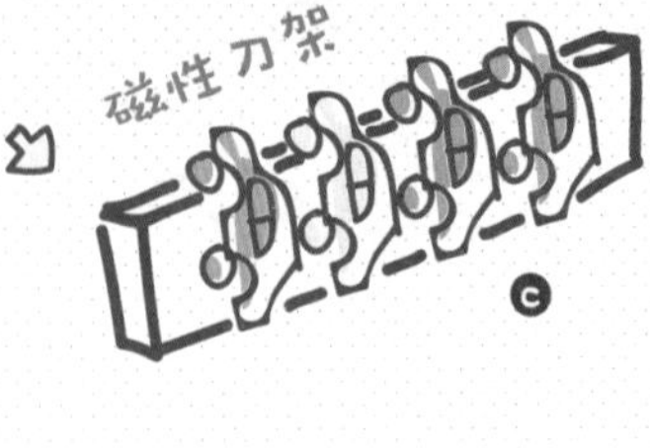

④积木

直接分类装入收纳盒。

⑤拼图

带盒的就用书的摆放方式，没盒的放进塑料抽屉或拉链袋里（参考乐高收纳）。⇨

⑥橡皮泥

小盒的橡皮泥连盒一起装入拉链袋后，全部放进收纳盒（参考乐高收纳）。⇨

橡皮泥

⑦画纸、手工作业

用文件夹按时间排列后，在侧面贴标签，放入文件盒。（文件盒也要贴标签哦）

手工作业一般有一定的厚度，所以用大拉链袋按时间顺序逐一装好后，再贴上标签放入文件盒。

以上所有物品整理好后，把文件盒、pp盒、小抽屉全部收入收纳柜中。

车模多的家庭可以买这种金属架展示车模哦，很有工业感呢。

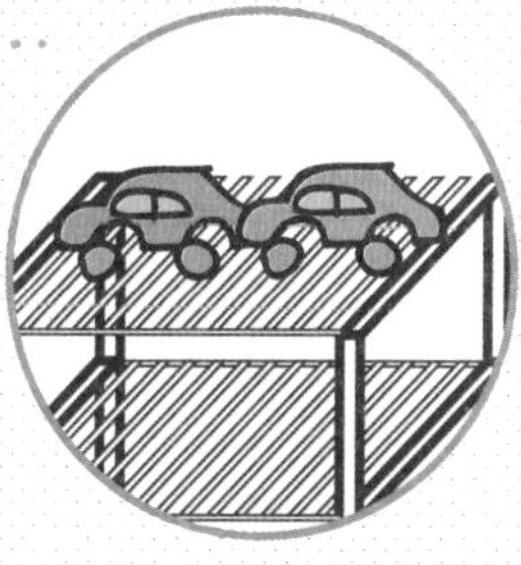

恐龙模型的收纳参照车模

再来看看有哪些不适合的收纳柜吧。

①带门的柜子

需要开关门，对孩子来说（尤其是低龄儿童）太麻烦了，还容易夹手。

②带开口的塑料框

容易倾倒。

③笨重的木质抽屉柜

低幼儿童拿取困难。

④带轨道的收纳箱

这类收纳箱的集中收纳力很强，但是不推荐给有低幼儿童的家庭。

它整齐好看，但收纳的方式很麻烦，需要把塑料盒对准轨道推进去，对低幼儿童很不友好。如果再加上盖子，简直没法培养孩子自主收纳的能力，通常孩子把收纳盒搬下来后，就再也无力放回去了。

⑤特别高的柜子

拿取困难，不安全。

缝纫用品的收纳

我是个缝纫爱好者，所以在写这本书的时候就在思考是不是该把这部分的收纳方法总结一下，毕竟缝纫用品也是不少呢。

① 布料

② 线

③ 缝纫工具

④ 半成品

作为缝纫爱好者，必须有一个操作台，但很多人都没有独立的操作台，所以用的时候把东西搬出来，不用的时候收回去。缝纫机这样的大件还好办，只要找个合适的位置就能解决，但缝纫用品这么多，不能每次都全体出动，这时候我们又要用到分组收纳原则了。

我们需要准备一个收纳盒，专门收纳这些需要临时搬动的用具。我把常用的压脚、针、线轴等工具都集中起来，按组别收纳，这样用时无须去找，用完可以及时补充，保持正常数量，一切都有条不紊。（我用一个陪伴我近 20 年的铁皮盒来装线，一直没舍得换，因为它承载着我满满的回忆。）

我只是个爱好者，缝纫工具的使用频率并不高。对于那些拥有很多工具且会频繁使用的人来说，我这样的收纳是远远不够的。但狂热爱好者大都会有相对富余的空间，至少一个固定的工作台是必不可少的，这样我们就可以利用工作台的上方墙面和下方空间进行收纳。

在墙面利用洞洞板悬挂线卷、花边和部分工具。

我喜欢的缝纫区是这样的。

工作台面放置小抽屉盒来收纳纽扣、配件、针等小件物品。

工作台下方两侧都有收纳空间，一般都是抽屉，用来收纳零布、工具等。

在这样的空间里做缝纫，心情也会更舒畅吧。

另一边用大收纳盒来收纳大块布料和半成品。

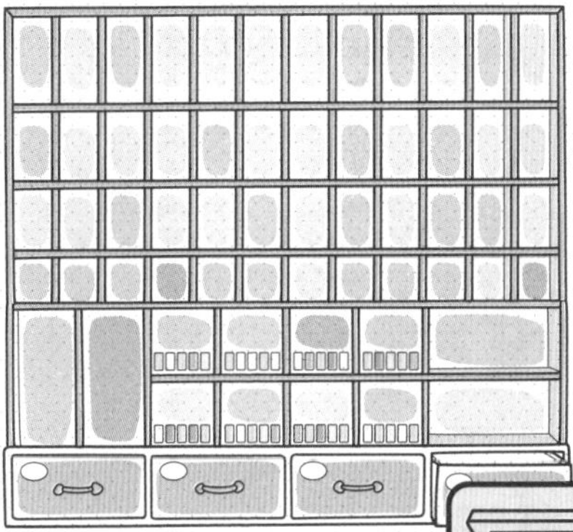

购买成品柜子也不失为一个好办法，这种带小格子、小抽屉的实木小柜好看又实用。

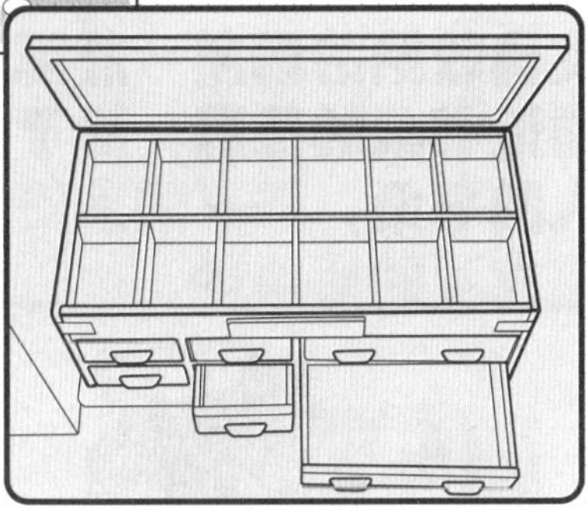

可上墙

如果有多余的空间，还可以另外搭配货架或者柜子，用来收纳布料、线卷等大件的囤货，搭配各种收纳盒，在外面贴上标签进行分类。

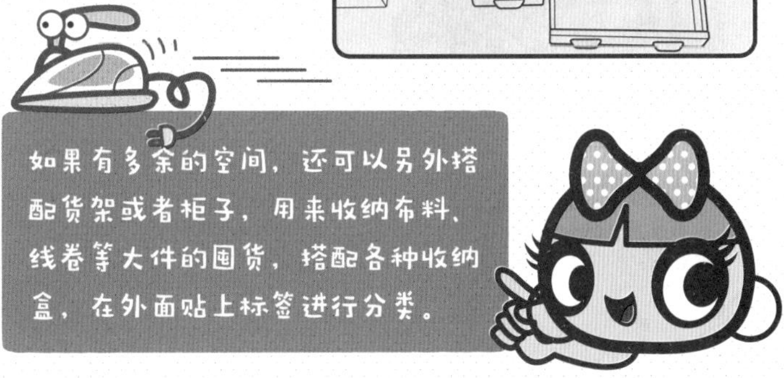

文具的收纳

文具收纳的场所一般都在靠近书桌的位置，除了大人的书桌，孩子的房间也是文具的集中地。

希塔家的百年老书桌

大人的文具收纳相对简单，只要不是手账爱好者，文具都不会太多，利用好抽屉分类收纳即可。

文具收纳和缝纫用品收纳有很多相似之处。手账爱好者的物品多而杂，很多收纳工具和方法都与缝纫用品相通。

①利用墙面的竖向空间，用洞洞板来收纳可悬挂的工具和一些贴纸，甚至纸张也可以卷起来搁在洞洞板配件上。

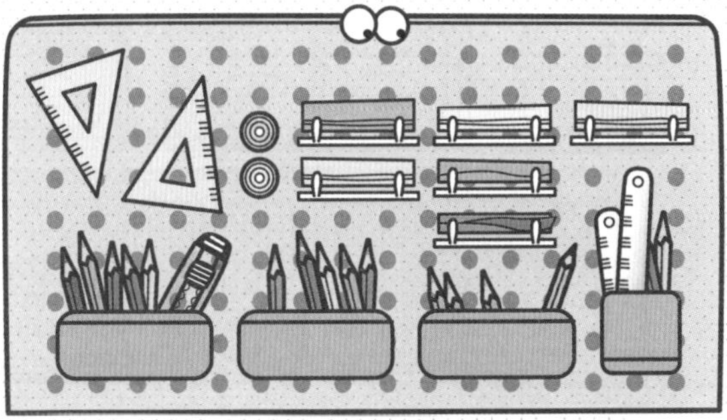

②购买桌面小抽屉来收纳常用文具。

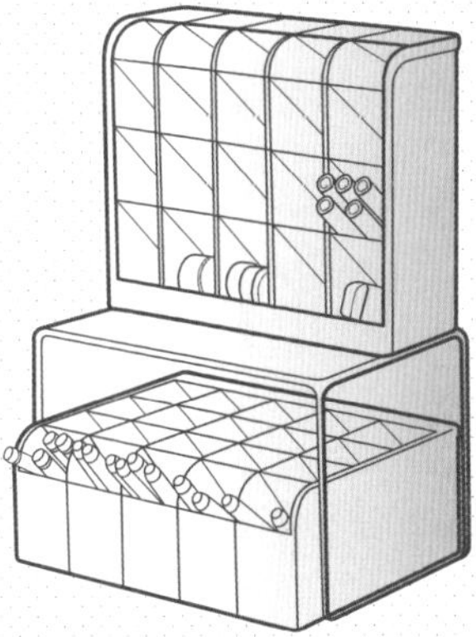

③利用书桌下面的抽屉收纳囤货。

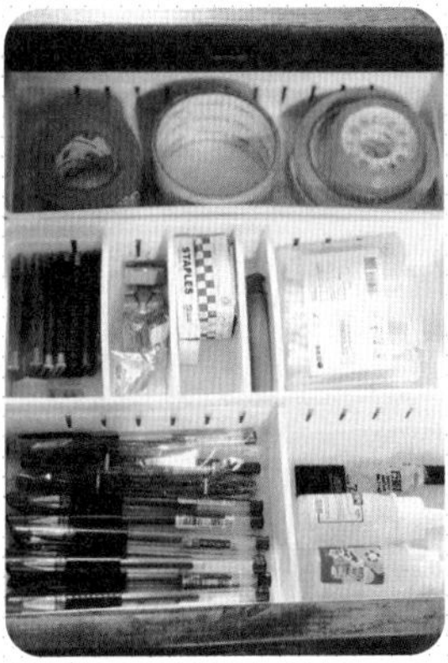

孩子大部分文具的收纳方式和成人相同。

需要注意的是，孩子的整理收纳能力有限，收纳工具和方式要简单。

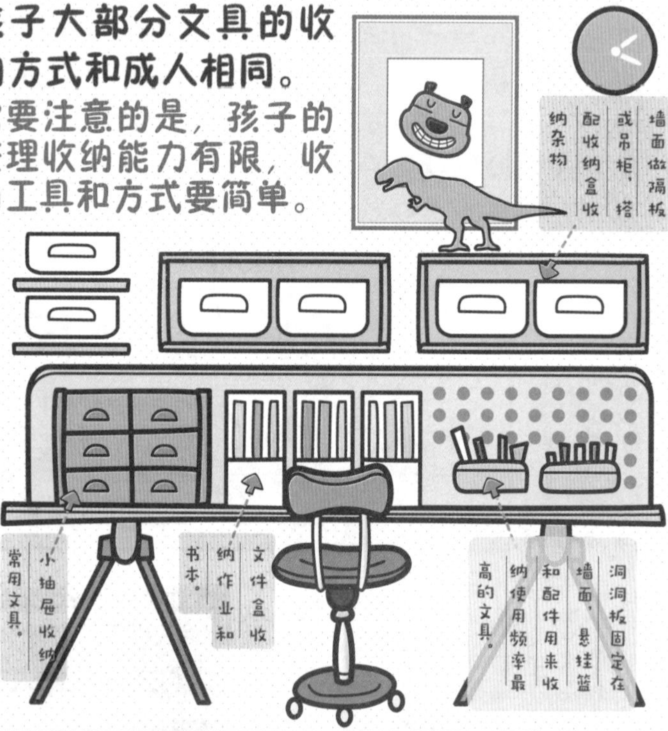

要多利用桌面和墙面这类空间，备用品无须太多，大人及时补充，保证常用数量即可（孩子使用文具的数量在一个阶段内几乎是固定的，大人做好数量管理，观察消耗量和剩余量，不要无谓地增加和购买），这样能最大限度地避免混乱，同时更容易培养孩子的自主收纳能力。

在书桌、抽屉这样的空间，孩子很难自我分区分类，如果收纳在抽屉内，分区尤其需要简单，按大类分即可，无须太细致。

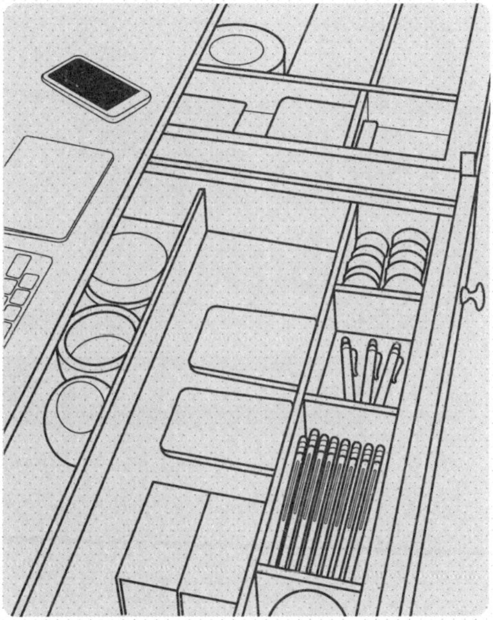

对比成人的抽屉收纳，这样的抽屉分隔是合理的。分类太细致的话，儿童很难做到，反而更容易复乱，但完全不分类的话，也一定会一团糟。

这个度要根据自家孩子的实际情况及年龄来把握。比如，三四岁的孩子简单分成两三格就行了；八九岁的可以更细致；上初中的孩子就可以向成人靠拢了，孩子自主收纳的好习惯也是这样一步步培养起来的。

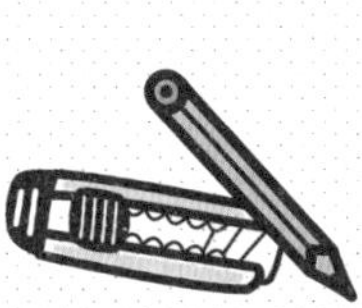

家庭文件的收纳

文件种类大致如下：

①全家的病历本、体检报告，孩子的疫苗本

②合同（购房合同、商业合同等）

③证件类（房产证、护照、户口本、结婚证、毕业证、荣誉证等）

④说明书、发票、保修卡等

⑤保险单类

⑥汽车相关文件

⑦纪念册、相册

老规矩：先整理再收纳，没用的果断处理。

如何整理？

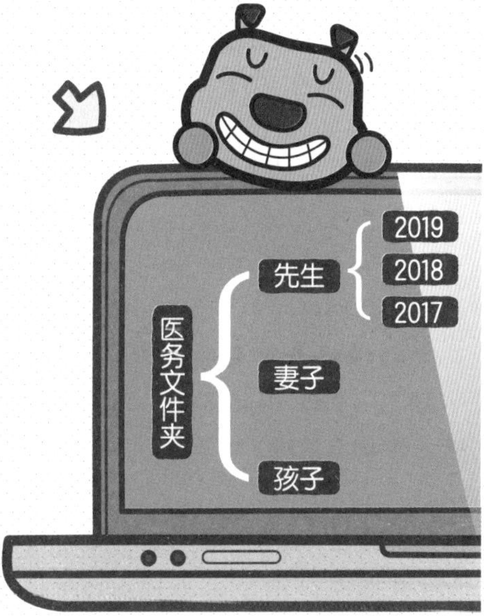

①看病用的文件，建议把一些报告单按时间拍照留存，在电脑上建立家庭医务文件夹，每人建立一个文件夹，按照年份建立子文件夹。纸质文件保留当年份，便于带去医院，其他年份的粉碎后扔掉（每次看完病后都需这样整理，一些没用的票据及时扔掉）。

体检报告也归到个人文件夹按年份排好。

孩子的疫苗本、病历和体检本用单独的文件包存放，便于就医（乱七八糟的无用票据整理后扔掉）。

②合同和证件类一般不适合变成电子档，分类储存即可。

③说明书大都能建电子档保存，纸质文件除了保留常用的几个外，其他的建议全部处理。（常用的包括面包机、缝纫机、相机等容易忘记功能的物品的说明书）。发票和保修卡类有的可以建电子档，有的不可以，按情况处理。

保修卡、发票不分离

④保险单类有的可以存为电子档，这个需要询问保险公司后再处理。

⑤汽车的相关文件整理出来单独成类。

⑥纪念册、相册一般都有情感因素在里面，可以给自己的情感划个临界点，高于临界点的保留，低于临界点的处理掉，每个人的情感临界点不同，不能简单地按照统一标准决定扔或不扔。

↑整理后

整理后的收纳

整理之后要考虑好把收纳完的文件放在哪里，这个与各家的习惯及收纳空间等有关。

我的建议是分类存储（打破所有文件必须收纳在同一个地方的固有思维）。

我把文件收纳分成四个区

①高频拿取区（如几个月的幼儿的疫苗本、体检本）。

②常用文件区（护照、就业证件、保修卡、发票、汽车相关文件）。

③不常用文件区（合同、纪念册、相册）。

④重要文件区（房产证、保险单、户口本、结婚证等），这部分的设定标准就是遇到突发事件时可以迅速带走，减少后续麻烦。

↑整理后

可以根据自身的生活习惯和收纳空间自由合并与调整这四个区域。

有哪些收纳文件的工具呢？

文件收纳工具都是服务于已经整理完毕的文件的，我们可以根据文件的数量、大小及收纳空间的大小来决定使用哪种工具。

拉链袋

这里介绍几种常用工具：

①信封文件袋、拉链袋。将文件按类别一袋袋装好后，贴上标签放入对应的文件盒收纳，标签贴于侧面，这样入盒后便于查阅。最好写好编号，然后在文件盒外贴上与编号对应的物品名称，这样就可以一览无余了。

信封文件袋

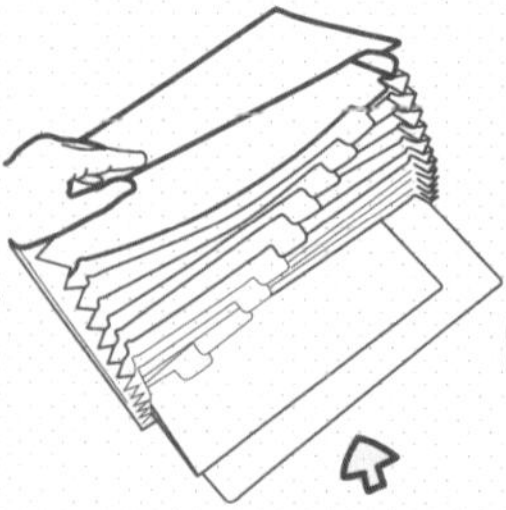

风琴包

见右下示意图

②风琴包。风琴包的好处是可以单独收纳，也可以放进文件盒统一收纳。

③快捞夹。快捞夹有一个好处，如果有合适的抽屉，可以直接挂在抽屉上，成排收纳。

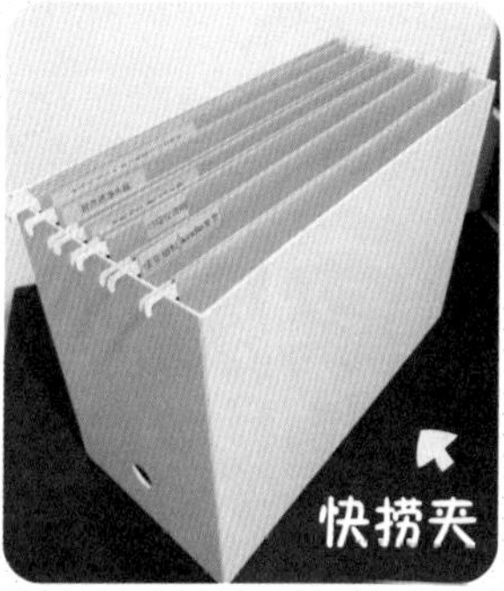

④文件夹。适合收纳厚度不同的文件。

⑤缠绳文件袋（档案袋）。其功能类似于信封文件袋，但比较厚，有透明和纸质等材质。

文件夹

⑥透明资料夹。适合将较薄的文件分类插入使用。

透明资料夹

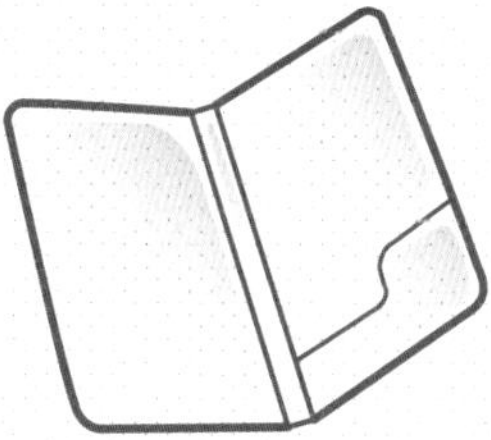

缠绳文件袋

孩子的作业和手工作品也可借助以上工具进行收纳（依旧是先整理后收纳，尽量保存电子档）。

家庭杂物的收纳

在全屋整理收纳的过程中，杂物的收纳最为琐碎。

倒不是物品难以收纳，只是杂物的种类太多，可能是个有用的线头，也可能是个小别针，或是一个电池、一个耳机，反正很难归为同一属性或同一大类。

集中管理也较难实现，因为使用场景不同，要做到就近收纳就很难集中管理。

在收纳杂物前，整理是基础。功能重复的、在不知道的情况下多买的、破损的都应先处理掉，然后再进行收纳。

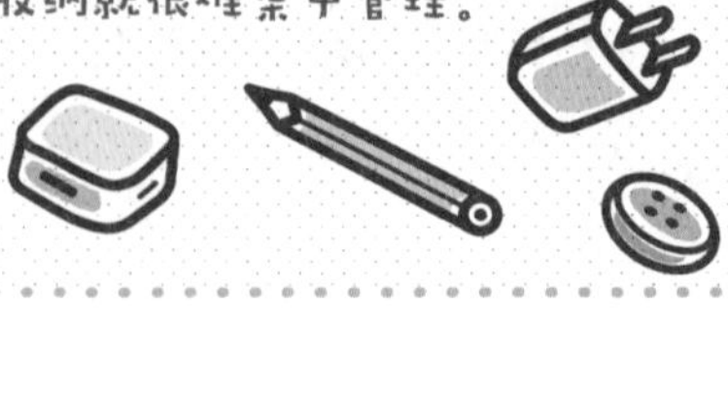

对于这些零碎物品，应几个原则和方法一起用！

① 就近收纳原则

有些小东西如果不按使用习惯和场景就近收纳，肯定会被扔得到处都是，找不着了就只好重新再买，导致家里相同的物品一大堆，自己却不知道。

② 分组收纳原则

按使用场景分组收纳。比如，充电线、充电头、转换头就属于同一个使用场景，统一安排在一起，分组收纳即可。

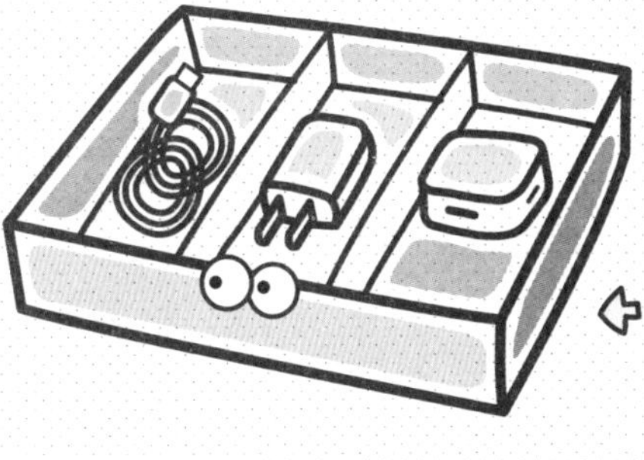

③ 用收纳工具分类

物品很多，需要集中收纳的家庭，可以把相同类别或相同组别的物品归为一类，整理放入合适的容器，尽量统一容器的规格和色调，贴上标签集中管理。

（图片：@娜酱妈咪）

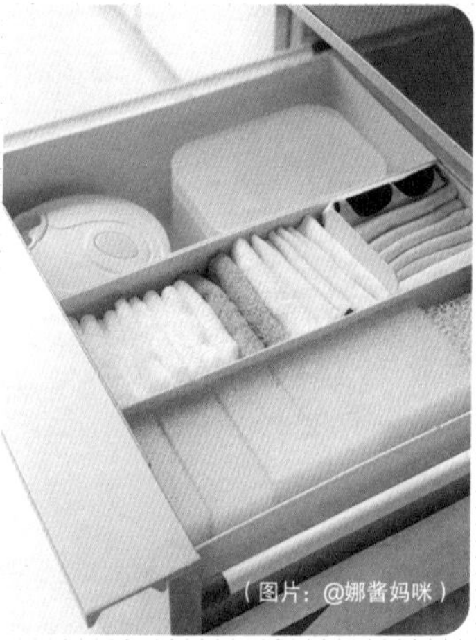
（图片：@娜酱妈咪）

④ 竖向收纳原则

物品尽量竖向收纳，这样拿取任何一件物品时，都不会弄乱其他东西。

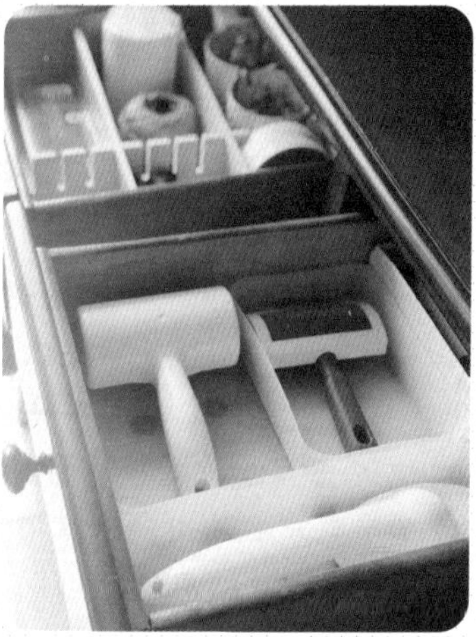

⑤ 利用分隔件划分区域

抽屉要利用分隔件来划分区域，层板柜利用收纳盒来划分类别。

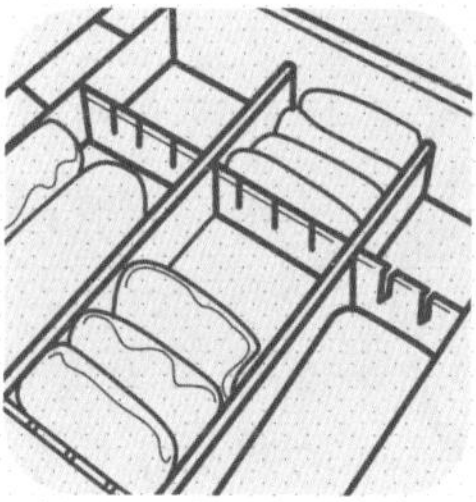

十大收纳“神器”

有很多号称收纳“神器”的用具并不一定是真正的“神器”，相反，买了还会生气。我其实不太愿意用“神器”来形容收纳用具，因为收纳是需要量身定制的事情，不可一概而论，所以很多你觉得好用的收纳用具，对别人来说可能就是鸡肋。

但我还是根据经验选出了十样收纳用具，它们具有一定的实用性和广泛度，可以在很多场景下使用，非常便利，可以给初学收纳的朋友作参考。

找一找吧

这十大“神器”在前面的篇章里大都反复出现过，大家可以找找看，究竟在多少场景里使用过。

神器1 伸缩杆、伸缩架

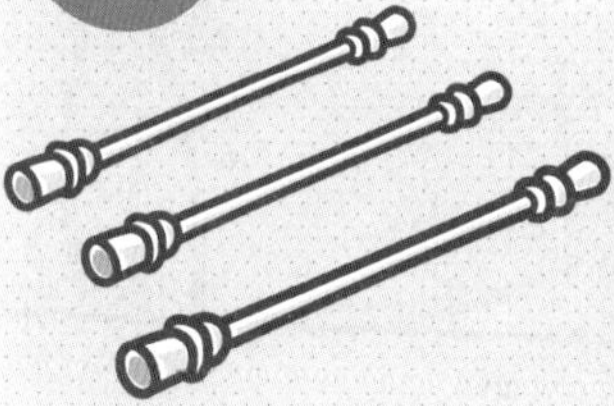

神器2 文件盒

神器3 塑料抽屉

神器4 牛皮纸袋

神器5 密封袋

神器6 洞洞板、网格板

神器7

书立

神器8

小推车

隔板配件的位置可通过上下孔调节

神器9

AA条（墙面挂件）

神器10 挂钩夹

挂钩夹是一个很小的工具，在前面的内容里并未展示其用法，但它是我很爱用的小件，体型小，用途大。

收纳牙刷、牙杯

替代窗帘钩

浴室吊挂牙膏、抹布、洗面奶等

烹饪时夹菜谱

挂垃圾袋，省了垃圾桶

整理·收纳篇到此就全部结束了。

在本篇中，我介绍了家庭各区域及对应物品整理收纳的方式和方法。每个家庭的物品结构都不尽相同，但我们学习了方式和方法，又认识了各种收纳工具之后，就可以在生活实践中举一反三了。

我在整理的部分讲过，

我们要学会正确的步骤：

先减物，再聚物；
先整理，再收纳。

购买收纳工具前一定要反复测量尺寸，做到收纳工具与被收纳物品及收纳空间双匹配，而不是盲目购买，继而让其沦为无用之物。

收纳是个循序渐进的过程，或许最初不能达到令人满意的状态，可生活难道不是因此才更有趣吗？我们都曾在生活中反复摸索，不断调整，不期然就会遇见适合自己的那个点，所以万万不可心急沮丧，从现在开始，积跬步，蓄细流，向着心中春天般的家迈进。

清洁篇

认识清洁剂和清洁工具

欲善其事，必利其器。在我们进行家庭清洁前，应首先认识清洁剂和清洁工具，其后在打扫清洁时才能事半功倍。

清洁剂：认识清洁剂前，来看一下家庭的主要污垢有哪些？

这些污垢对应的清洁用品有哪些？

①油垢

需要用碱来对付：如洗洁精、小苏打、苏打、多用途清洁膏、洗碗膏、油污净等。

②水垢

需要用酸来对付：如白醋、柠檬酸、洁瓷宝、专业除水垢喷剂（这些清洁剂其实就是不同强度的酸，强度越高，味道越大，腐蚀性也越强。需注意，洁瓷宝会把很多镀铬的龙头擦花，天然大理石也不能接触酸度太强的清洁产品）。

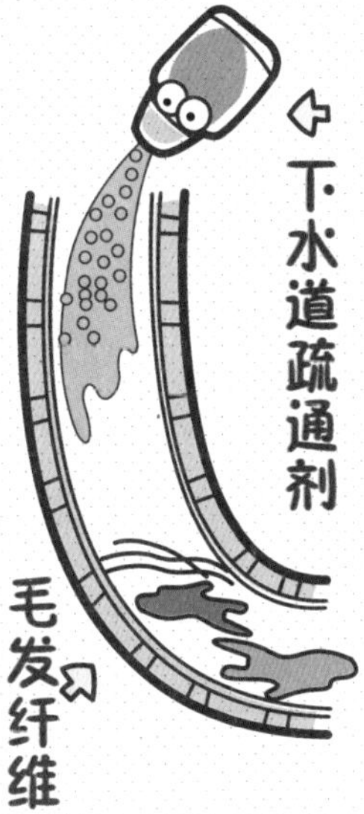

③毛发纤维

如果毛发只是在家具表面，用除尘工具清扫即可，若堵塞下水道，可以用专业的下水道疏通剂。（这类产品一般都是由氢氧化物、碳酸钠、次氯酸钠、起泡剂等成分构成）来解决。尽量购买凝胶状产品，刺激性比较小，不易伤害管道。

④灰尘泥沙

平时用吸尘器及时吸除，如有较厚的陈旧泥垢嵌入地砖等部位，可用普通洗洁精加纳米海绵擦除。

尿渍

⑤尿渍

需要用酸来去除，洁厕剂一般都属于酸性较强的产品。

⑥锈渍

用专业除锈剂或者身边的物品，如可乐、番茄酱、啤酒等去除。

锈渍

染色

⑦染色

不管是餐具染色，还是衣物染色，使用氧系漂白剂清除总是最好的办法，相对安全，去污力也不错。但严重的染色可能就需要用氯系漂白剂了。一定要注意，氯系漂白剂不能与氧系漂白剂同时使用，也不能和酸性清洁剂同时使用，安全起见，单独使用为最佳。

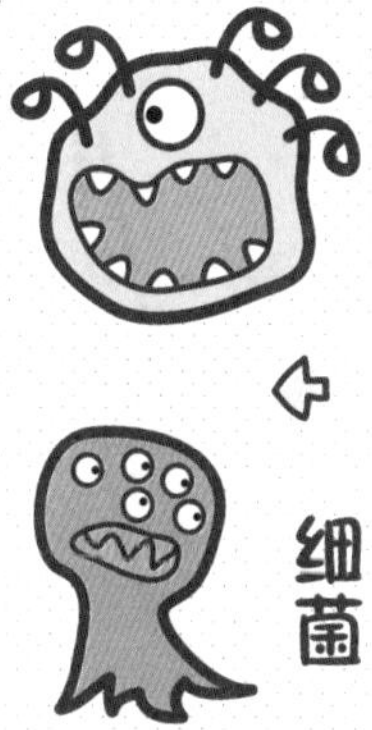

⑧细菌

杀菌消毒剂种类较多：氯系消毒剂，如 84 消毒液；氧系消毒剂，如氧净、双氧水；75% 浓度的医用酒精（只有 75% 浓度的酒精消毒效果最好，浓度过高或过低，消毒效果都不佳）；酚类消毒剂；季铵盐类，如碘伏。

⑨霉菌

用氯系漂白剂就能解决，不管是 84 消毒液、除霉啫喱、除霉喷雾，还是漂白泡沫等，其主要成分都是次氯酸钠。

⑩烧焦物

常存在于锅和炉灶的配件中，最好的办法是用白醋或者小苏打加水煮沸后再清洗，这样烧焦物会很快脱落。

清洁工具：

除尘类

①吸尘器

配合不同的吸头，可以吸地面、缝隙、床垫、沙发、窗帘、家具等地方。

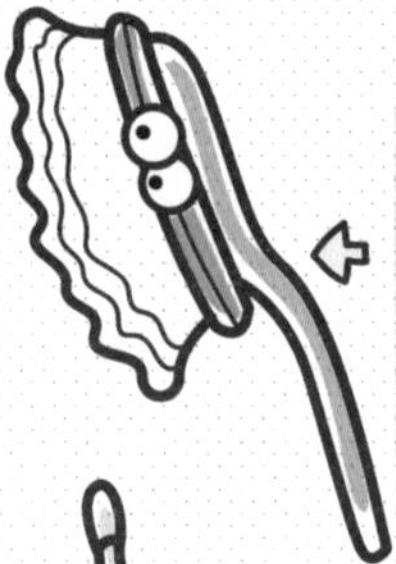

②除尘掸

静电除尘掸（也有一次性产品，但其实可以多次使用），日常除尘非常方便有效，相对于笨重的吸尘器，它更小巧轻便，各个角落、各种角度的除尘都能胜任，强烈推荐。

③静电干巾

夹在平板拖把上，给面积较大的墙面、地面、家具表面除尘，非常便利、高效。

④除尘滚筒

利用纸张黏性粘掉纺织品上的灰尘、毛发纤维，适用于衣物、床品、沙发、地毯、鞋子、毛巾等物品。还有一种衣物除毛刷，柔软细密的刷毛能去除织物上的毛发纤维，但不能除毛球。

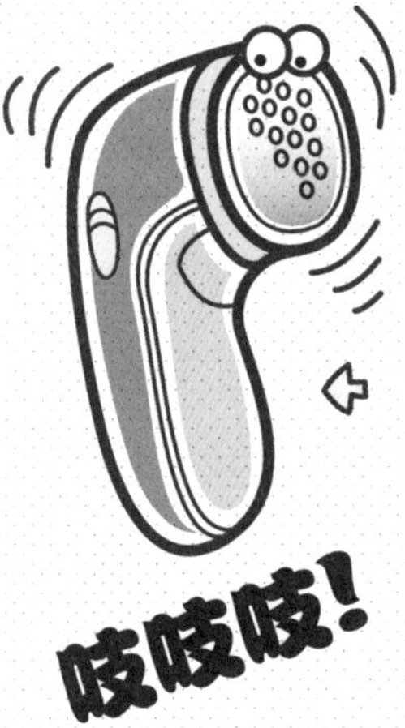

⑤衣物除毛器

除毛器可分为两种：一种是电动除毛器，利用刀片和网面的结合来除掉织物上面的毛球；另一种是手动除毛器，利用网面的结构刮除织物上的毛球，这种一般都是便携式的。

抹布类

①普通多层棉纱吸水抹布

洗碗、擦厨房非常适用，吸水性好，不易留存油垢，也容易清洗。缺点是容易破损。

②鱼鳞布抹布

用来为清理完的玻璃、陶瓷、不锈钢等材质的器皿去水痕和抛光。清理完的水龙头用它一擦立刻银光闪闪，玻璃杯用它擦完后晶莹剔透。使用时注意一定要干用，不能像普通吸水抹布一样打湿后使用。

③超细纤维抹布

这种抹布堪称完美，湿用吸水性能好，干用还能抛光，不留水痕和纤维。虽然抛光能力略弱于鱼鳞布，但日常使用足够了。唯一的缺点是洗油腻的餐具后易积油，不像多层棉纱抹布那样容易清洗，需要用更多的去油清洁剂才能去除油污。有一种白色华夫格超细纤维布，颜值高、吸水性强、不留纤维、抛光性好，家里任何地方都适用。

④竹纤维抹布

适用于厨房洗碗、擦台面，吸水性略弱于棉纱抹布，但去油性很好。

擦洗工具类

①百洁布

一面粗糙，一面柔软，厨房用得最多，一般用来配合清洁剂，通过物理摩擦去除重点污垢。

三聚氰胺产品是家庭清洁中的常客，它“功大于过”。

②纳米海绵

纳米海绵其实是三聚氰胺固化后的产品，含有一定量的甲醛，但由于海绵的体积小，又是沾水使用，因此甲醛的含量可以忽略。此产品有点类似于最细目的砂纸，很多地方都会用到它，有时候可以考虑用它来处理很难解决的污渍。

③金刚砂抹布

内芯是海绵材质，表面类似于细砂纸，通过物理摩擦去除特别脏的重点污垢，但会对器物表面有一定的伤害，不到万不得已不建议使用，但整体来说比钢丝球细腻很多。

④钢丝绒

柔软的细钢丝团，因为钢丝特别细，所以即便是钢材质，也比较柔软。但不推荐在厨房使用，因为在擦洗过程中往往会掉落无数细小的钢丝屑，如果冲洗不彻底，残留在餐具上的细屑会进入肠胃，从而产生不良后果。

刷子类

刷子可广泛用于家中的各个区域：浴缸有海绵质地的浴缸刷，瓷砖有瓷砖刷，鞋有鞋刷，衣服有软毛刷，马桶有一次性马桶刷和普通马桶刷等。

拖把类

拖把种类繁多，我比较推荐平板拖把、喷水拖把、电动拖把和蒸汽拖把，我们将在后面的“家庭地面清洁”进行详细介绍。

水刮类

用来刮除大片玻璃及瓷砖上残留的水，这类工具有泡沫材质和硅胶材质两类，硅胶材质的水刮刮除效果更好，但容易发霉，每次用完要及时清洗并擦干，或者在通风处晾干。

水刮

好啦，了解了基本的污垢清洁剂和清洁工具后，就可以开启我们的家庭清洁之旅了。面对急需解决的各种家中清洁难题，你一定能在这里找到答案。

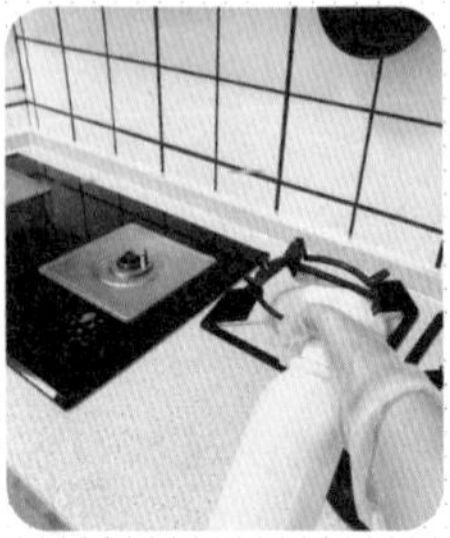
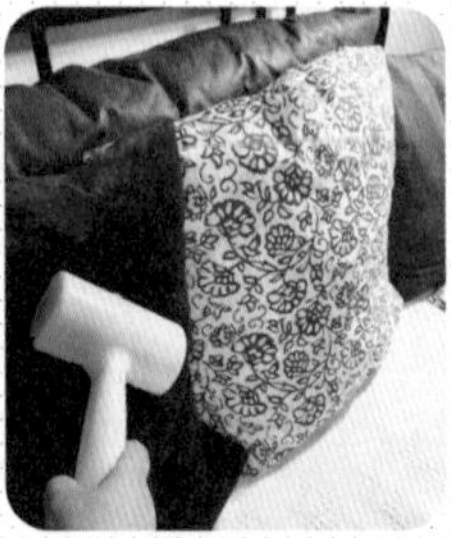

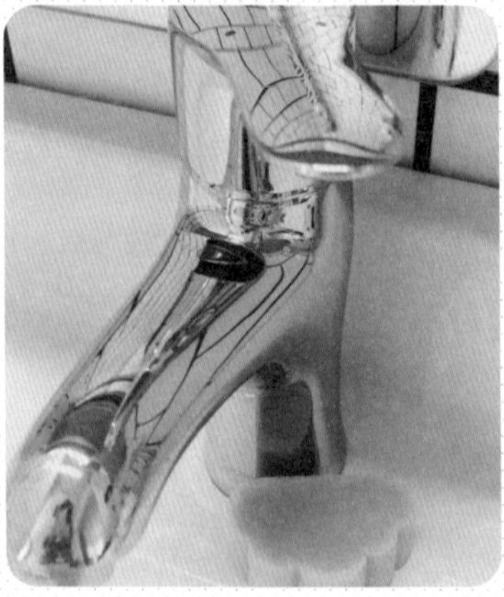

家中常见的部分清洁剂及清洁工具

如何去水垢

清除水壶水垢的 3 种方法

① 水和柠檬酸按 20 : 1 的比例混合煮开

② 水和白醋按 8 : 1 的比例混合煮开

③ 3 ~ 5 个柠檬切开后用水煮开

希塔：任意选择一种方法，将煮开后的液体静置 1 小时左右，用百洁布蘸取刷洗水壶。

水龙头·浴室柜·淋浴房·瓷砖

轻水垢

①柠檬酸
②浴室清洁剂
③小苏打
④清洁膏

} **纳米海绵**

主要用在水龙头和浴室柜等面积较小的地方，对于大面积的瓷砖和玻璃，使用浴缸刷更省力。

重水垢

①去水垢清洁剂
②调成糊的氧净

} **纳米海绵**

③洁瓷宝或者一些酸性清洁剂

（注意：有些水龙头会被腐蚀变花）

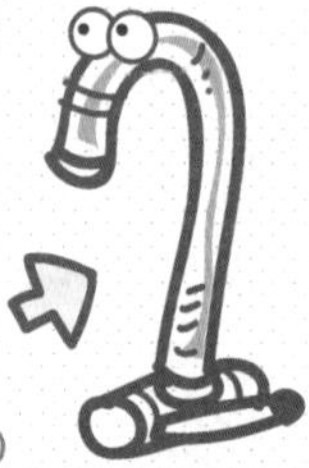

清洁完毕后，用鱼鳞布擦干，物品就变得亮晶晶啦。

·马桶

有的马桶长时间不使用会出现黄色的水垢，要清除这种污渍，除了普通的马桶清洁剂，还可以用洁瓷宝。

当然，仅靠马桶刷是不行的，还要配合百洁布，再戴长手套伸进去擦洗，才能完全清洗干净。

其他位置的水垢，也可参照这个方法哟。

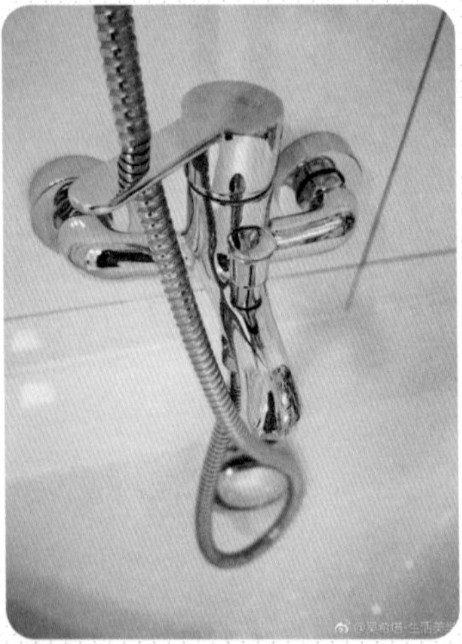

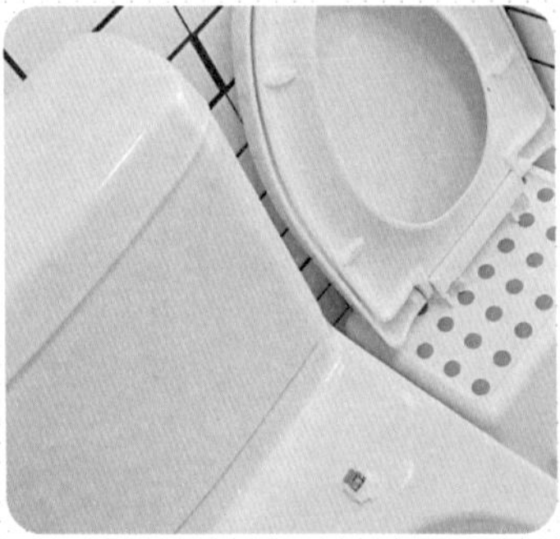

家中浴室卫生间的状态

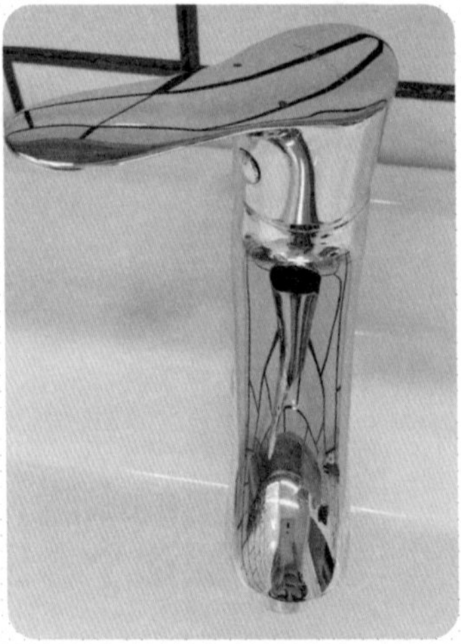

如何去 厨房油垢

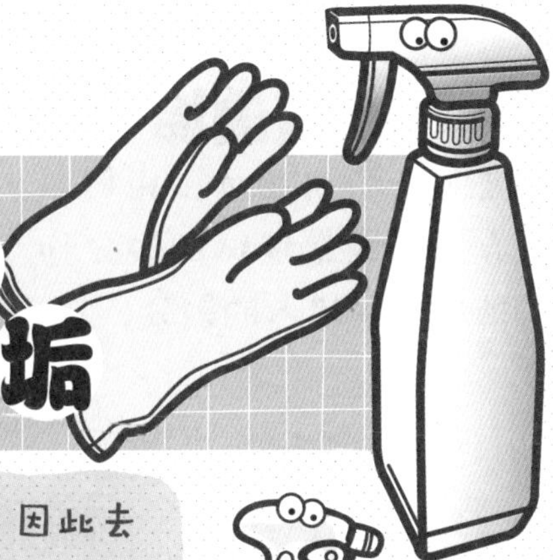

油需要用碱来分解，因此去油的清洁剂大都是碱性的，使用时必须戴手套。同时要注意，此类清洁剂不可用于天然石材（它们有专门的清洁剂），一部分也不能用于镀铬、铜、铝、铁等金属。

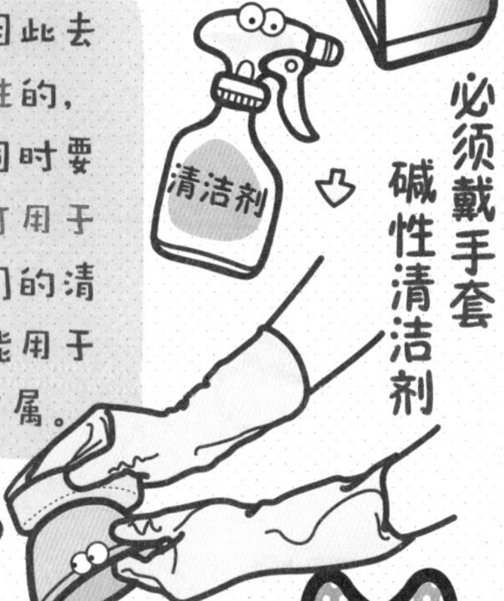

厨房的油垢，按程度分为轻度、中度、重度。

一、轻度油垢

常见于厨房柜体、柜门、台面、经常擦拭的部分和油烟难以进入的部分。

轻度油垢
最简单啦!

常用清洁剂

①小苏打加温水（1L 水约加 8g 小苏打，稀释后倒入喷壶，边喷边用抹布擦）。

②普通洗洁精（加水稀释后擦拭）。

③市面上现成的电解水。

常用工具

以吸水性好的抹布为主，部分较难清除的地方可配合纳米海绵或百洁布。

二、中度油垢

常见于灶台周围、平时未清理到的地面角落、开放式橱柜内部等。

常用清洁剂

①厨房油污净。

②氧净（加温水稀释后使用）。

③各种含磨砂成分的清洁膏。

常用工具

纳米海绵、硬百洁布、各种刷子（奶嘴刷是很好用的工具）、缝隙棒。

中度油垢的清洗方法

①喷洒清洁剂后，配合百洁布或者纳米海绵擦洗。

②浸泡洗，这种方式特别适合清洗一些配件。把氧净用 50℃ 水化开（1L 水加 8 ~ 10g 氧净），将配件浸泡其中，1 小时后油垢就会软化，再配合刷子或百洁布就能很快清理干净。

③摩擦洗，专门针对一些细小部位，可用刷子和缝隙棒等蘸取磨砂清洁膏进行局部清洁。

三、重度油垢

常见于长期清洗不到的油烟机内部，厨房中堆积厚油垢的瓶瓶罐罐和配件，溅满黄色油点和盖着一层厚油污的瓷砖等。

常用清洁剂

氧净、强力清洁膏、五洁粉，以及一些强碱性产品（这个不推荐，比较危险）。下面的清洗方法以氧净做示范产品。

重度油垢的清洗方法

①浸泡法 ②湿敷法

浸泡法在前面清理中度油垢中已经介绍过，这里讲一下湿敷法。

如果油烟机油槽很久没清理的话，会积存大量的油污，用纸巾把油擦掉之后，再把调成糊状的氧净涂抹在油槽表面，用湿厨房纸或者保鲜膜覆盖，使其保持湿润，静置一段时间后再用百洁布清洗就会变得非常容易。

特别脏的瓷砖表面也可用此方法。

另外强力清洁膏或五洁粉配合百洁布，也能通过物理摩擦的方法，清理重度的油垢。

四、如何清洗抹布上的残存油污

根据轻重程度，我们可使用如下方法：

①针对日常轻度油污，可使用洗洁精加热水浸泡后搓洗。

②厨房清洁膏配合热水，并用刷子刷洗。

③清水加入小苏打煮洗。

④每天用氧系漂白物（如氧净）加热水浸泡后搓洗，可以配合洗洁精一起使用。

⑤用氯系漂白（次氯酸钠）浸泡洗，但这种方法会造成一些抹布变硬。

当然最好的清洁剂就是“勤快擦”。我家很少用特别强力的清洁剂或者钢丝球这类工具，因为每顿饭后我都会用普通清洁剂把烟灶、水槽、台面、地面等清洗干净，这样每天都能保持厨房清爽、干净，整个家居环境的舒适度也会提高。

平日里
清洁后的厨房

家庭地面清洁

家庭地面主要有两种材质

① 地砖

② 地板

当然还有大理石等其他材质（大理石的清理方式有些许不同）。

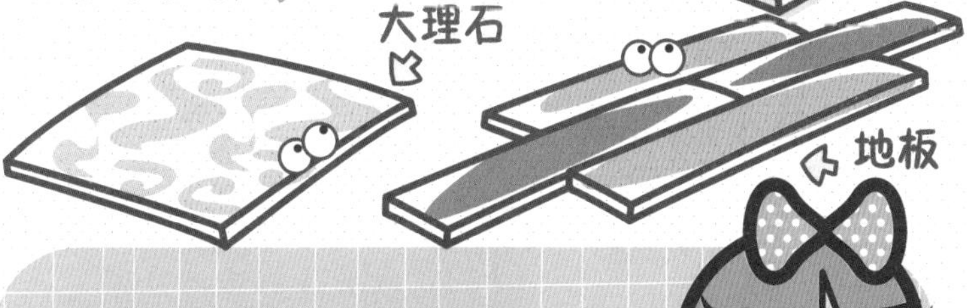

地面清洁需分级处理。

第一级：日常清洁

（就是每天的基础打扫）

对于忙碌的人来说，扫地机很适合。

分三步走

第一步

吸尘，准备一个好的吸尘器很有必要，能减少很多工作量，吸尘器能带走大部分的尘土、纤维、颗粒、杂屑。

无线吸尘器使用起来最舒服。

手持吸尘器

第二步

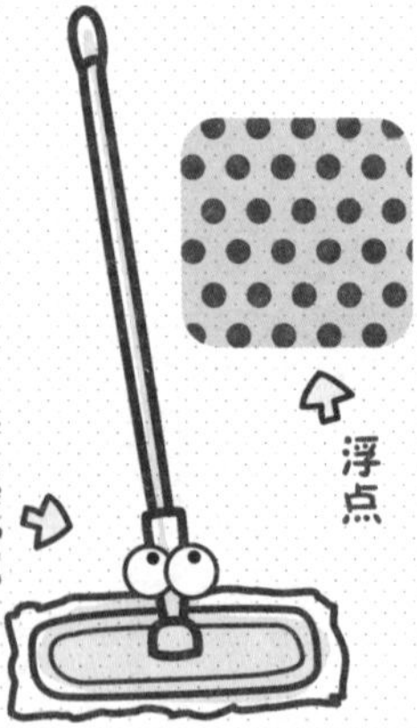

平板拖把

浮点

小巧的带浮点的静电平板拖把，可以夹静电干巾干拖，利用静电干巾的吸附能力来达到进一步清洁的目的。

第三步 ➪ 湿拖。湿拖工具很多，可以根据不同的需求选用。

①普通平板拖把（平板拖把小巧灵活，既可夹静电干巾干拖，也能夹一次性湿巾或者拖布湿拖，特别适合小户型或者家具多、缝隙多、凳腿多的家庭）。

②喷雾型平板拖把（这种拖把比普通型多一个水箱，遇到污渍可喷水使其湿化后再清洁，比普通平板拖把更方便，缺点是不能夹静电干巾使用）。

③无线电动拖把（利用电力，带动拖把头高速旋转，达到清洁目的，一般也自带喷雾装置，使用起来特别省力。这种拖把适合大户型，或者家具少、凳腿少的家庭以及腰不太好的人使用。它的缺点是比较笨重，所以还需要一个静电平板拖把来配合）。

④有线蒸汽平板拖把（自带水箱，利用电力高温汽化达到除菌清洁的目的，很适合有宠物的家庭进行地面消毒。但它需要接插电源使用，同时自重较重，便利程度一般，它能喷出高温蒸汽，因此有孩子的家庭需要小心使用）。

⑤洗地机（吸拖一体，把吸尘器和拖把合二为一，减少了地面打扫的步骤。它自带两个水箱，一个出净水，一个走脏水；分无线和有线两种，有线洗地机的动力更强，但也比较笨重，适合大户型）。

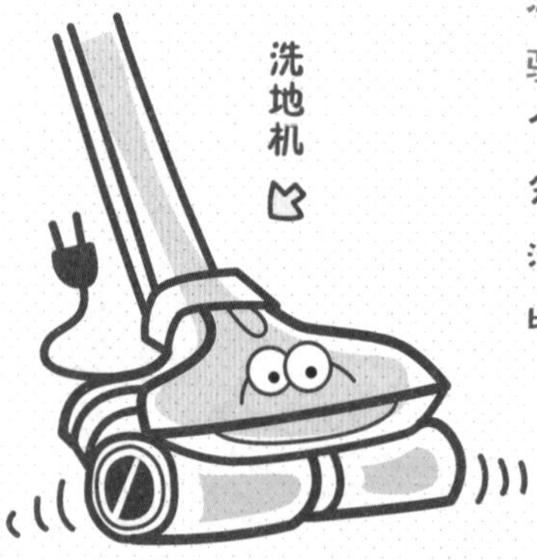

第二级：定期大清洁

这里分几种不同的地面情况

①厨房带油垢地面（参考去厨房油垢篇），用碱性清洁剂（洗洁精、清洁膏、小苏打等）配合纳米海绵擦除油垢后，再用吸水性强的湿抹布反复擦到无泡沫、基本无残留的状态。

②卫生间带水垢地面（参考去水垢篇），用除水垢产品配合纳米海绵或浴室海绵刷，把局部水垢去除后，用普通浴室清洁剂和抹布整体擦拭，再用清水彻底冲淋干净，用水刮刮去多余水分。

③普通亮面的瓷砖地和木地板，用瓷砖清洁剂或地板清洁剂加平板拖把或者蒸汽拖把反复清理几遍即可。

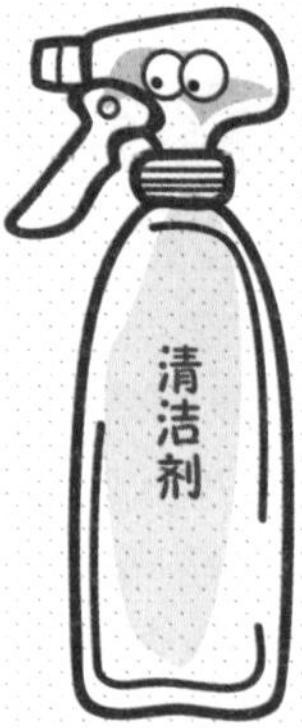

④带纹路的瓷砖和地板，纹路里容易藏污纳垢，需要用蒸汽拖把或者纳米海绵配合清洁剂，先小心去除纹路里的污垢，再整体打理干净。

第三级：年终大扫除

在实行了前两级的情况下，第三级就非常轻松了。

只需要清理平时难清理到的角落，如：

①被一些家具压到、挡住的部分。

②缝隙特别窄，拖把难以进入的地方。

③木地板的损伤部分。对于一些木地板的划伤或擦伤，小面积的我们可以自己做一些修补，如使用地板修复用具（补色笔、修复蜡等）进行轻微划痕的修补。如果是重度划痕则需要请专业人士，自己很难做到完美。

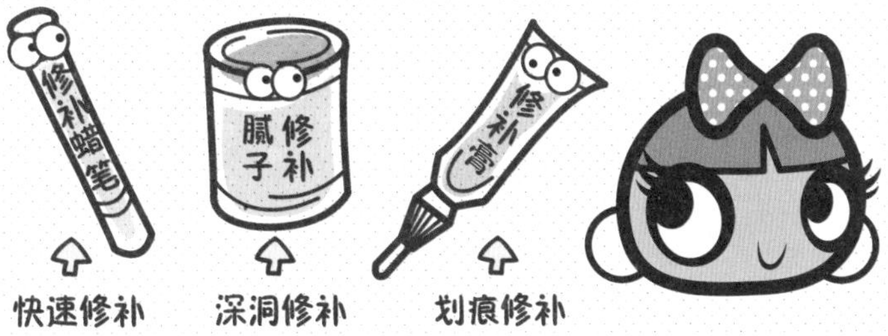

在清理过程中需要注意的几点

①天然大理石材质地面必须使用大理石专用清洁剂。

②娇贵的瓷砖、地板要用中性清洁剂清理，并且避免摩擦，但蒸汽拖把可以为它做深度清洁。

③在木地板上使用蒸汽拖把时，不能把蒸汽长时间停留在一个地方。

④上漆木地板其实不需要打蜡，打蜡反而容易让蜡堆积，平时只要认真清洁即可，使用时小心维护，避免刮擦和磕伤。

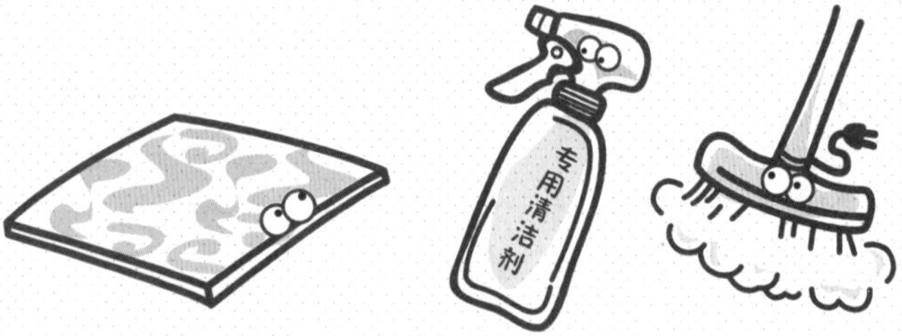

整洁干净
的希塔家!

厨房器具的清洁

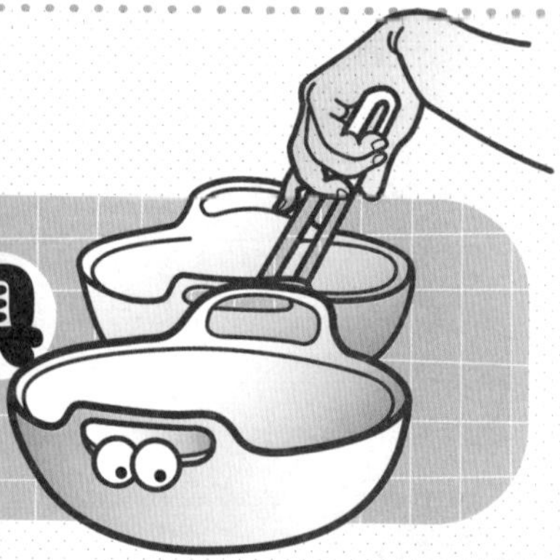

厨房器具的材质主要有玻璃、陶瓷、金属等。金属类又包括铁、铝、铜、银、不锈钢等。

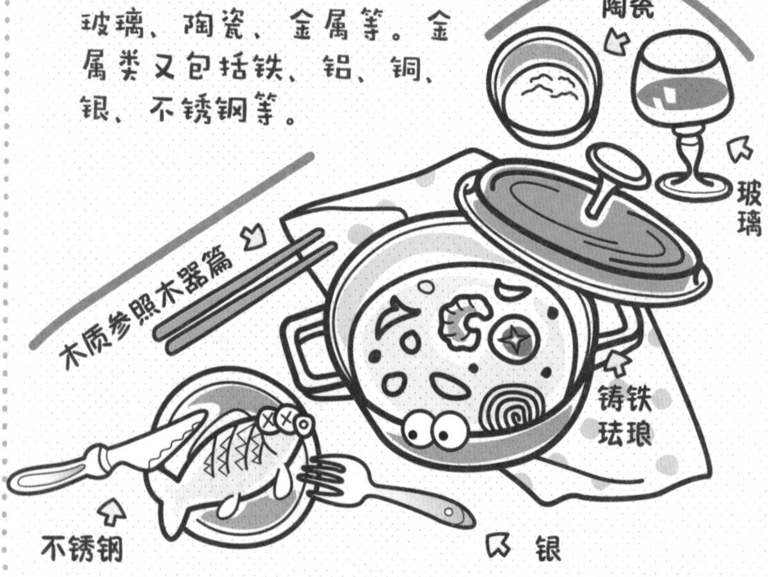

普通的陶瓷、玻璃和不锈钢制品都能放进洗碗机进行清洗消毒，但铁、铝、铜、银很容易和洗碗机清洁剂发生反应，不适合用洗碗机清洗。

玻璃制品

玻璃不适合用百洁布之类的擦洗工具清理，部分水晶玻璃制品不能放进洗碗机清洗，需要用中性洗洁精、柠檬酸、白醋和软杯刷或海绵清理，最后用鱼鳞布擦干。

纯银器具

保持银器光泽的秘诀就是经常使用。不常使用、不注意保养，银器就会氧化变黑。变黑后最简单的处理办法就是和厨房锡箔纸放在一起，加点盐，用开水浸泡，通过置换反应使银还原，这样完全不会伤害银器本身的材质。

精致高档瓷器

高档瓷器和部分表面印花以及带金属的瓷器，也不能放进洗碗机。好在瓷器很容易洗干净，中性洗洁精和普通棉布抹布就能解决，同时高档瓷器在层层叠放时，每层间最好垫上棉布，避免碰撞。

铜制器具

可以用醋加盐煮洗，现在市面上的专业洗铜水也可以将铜器打理得很干净。

铝制器具

铝只能用中性洗洁精清洗，所以使用时要小心。铝锅，如雪平锅，比较适合煮食物用，不宜爆炒，失去光泽可以用白醋加水煮沸来使其恢复光泽。

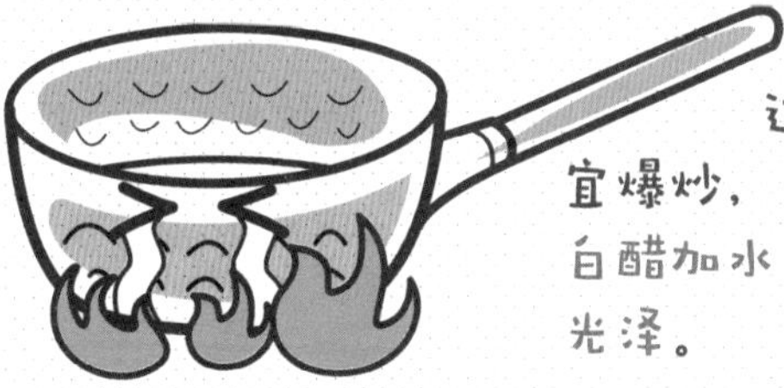

不宜猛火爆炒

如果铝锅焦黑得太厉害，只能用物理摩擦的方式清理，清理后需再养出氧化膜才能使用。

氧化膜

刀枪不入啦！

现代厨房的铁制品

主要是铁锅和灶台铸铁件，爱茶人士还会用到铁壶。铁锅需开锅养锅，养得好的铁锅不会生锈且做菜不粘。

铁锅开锅步骤

①先用洗洁精百洁布里外清洗；

②将铁锅烧热至冒烟；

③用浸泡植物油的厨房纸涂抹铁锅，反复多次后晾干。每次使用后用洗洁精和百洁布清洗干净，再烧干抹油。

铁壶开壶步骤

①清洗壶身，注水烧至沸腾后投入茶叶（凡含丹宁的茶均可，如绿茶、普洱生茶、铁观音）。

开壶就是唤醒壶

煮茶时最好选择山泉水或地下水

②温火煮水15分钟，然后去除茶包及水，烘干壶体，待其自然冷却后，再煮一次茶叶。如此丹宁和铁元素将会在铁壶内壁上形成一层丹宁铁皮膜，使壶内不易生锈。

③后续注入清水，温火多次煮烧，至水质清澈透明即可。新壶建议坚持每天使用，有利于内壁形成保护层。

铁壶使用后一定要及时烘干

灶台铸铁件

做完饭后用洗洁精和百洁布擦洗干净即可，角落配合小刷子刷洗，太厚的油垢可以考虑用油污净或者氧净去除。（参考去厨房油垢篇）

不锈钢材质

不锈钢制品的表面最易留水痕，用温水加柠檬酸浸泡非常有效。还可以购买不锈钢膏或不锈钢粉，用物理摩擦的方式进行清洁。不锈钢氧化发黄可以用柠檬酸煮水、不锈钢乳擦洗等方式恢复，如焦痕和油垢太厚，可以用含有氢氧化钠的清洁剂清理。

珐琅、不锈钢、铸铁等锅具一旦烧焦，都可用小苏打或者白醋加水煮沸的方式来软化烧焦物，然后再进行刷洗，这样会很容易洗干净。

白色珐琅容易染色发黄，用含有次氯酸钠的厨房漂白产品，喷上即可去除。平时珐琅锅上的少量油污和外壁焦黑，可用含有磨砂成分的清洁膏加纳米海绵进行擦洗。

还有一类不粘锅产品，需要以中小火小心使用，一旦烧焦也可以用小苏打加水煮沸后刷洗，外壁油污一定要用清洁膏和百洁布及时清洁，否则油污一旦积攒太厚，便很难去除，刷洗过程中还会把外壁刷花。

不粘锅产品

可乐

啤酒

厨房的不锈钢或铁制器具有时会生锈，浸泡在可乐或者啤酒中就可以轻松去除。

清洁前
清洁前
清洁后

铁锅的日常保养

① 烧热

② 抹油

③冷却

木器的保养

主要针对未上过漆的实木制品

比如：

① 木砧板
② 无漆实木托盘
③ 木筷
④ 木盘架
⑤ 无漆木椅

以上新物购回后，用清水冲洗干净，擦干晾干备用。

准备：

1. 木器保养油

2. 纱布

保养油可以选择核桃油、木器专用油等

①将油涂抹在木器上；

②然后用纱布反复擦拭

③让木器吃透油，晾干待用。

定期保养可保证木器不开裂、不生霉。

木筷、木勺等入口物品，如果发现发霉应即刻丢弃。

木砧板经过一段时间的使用会产生划痕，保养不当甚至会产生霉斑，需要及时处理。

处理方法

准备：1. 粗砂纸
2. 细砂纸

首先保持砧板的干燥：

①先用粗砂纸打磨，重点打磨划痕和霉斑处，反复打磨，直到砧板表面变得光滑干净；

②改用细砂纸，打磨至光洁；

③用水洗净，以湿棉布反复摩擦；

④晾干后，用前一页的保养方法保养。

→木盘架也可用同样的方法处理

木托盘、木椅、木桌只需定期保养就能保持清洁。

家中盘架的保养

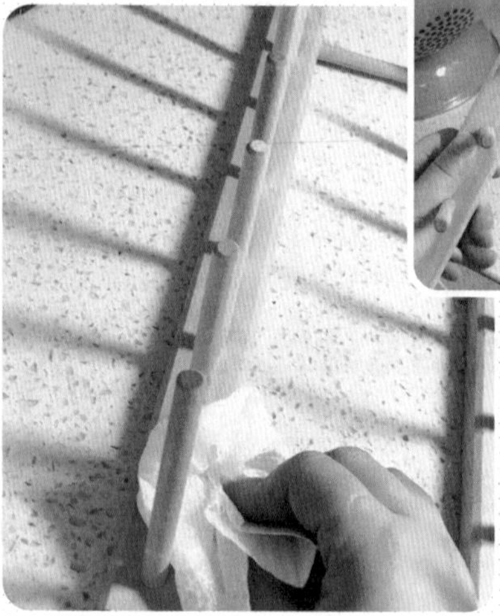

厨房小家电的清洁

厨房小家电种类繁多，有豆浆机、破壁机、电饭锅、蒸烤箱、多功能锅、微波炉等。面对诸多品种，还有不同品牌，很难一一解说，需从它们的污渍种类及外部材质来谈。

污渍种类

油渍、烧焦物、水垢、食物染色等

常见材质

塑料、玻璃、不锈钢、不粘涂层、镀锌

污渍种类：一、油渍

除油渍的方法在“如何去厨房油垢”中有详细叙述，这里再简单讲解一下。

①**刚产生的油渍**用洗洁精、热水和百洁布就能完全去除。

②**中度油垢**可以用氧净浸泡清洗，或者用清洁膏和纳米海绵擦洗。

③**重度油垢**用调成糊的氧净以湿敷法清洗。

以上这些都是较安全的清洗方式。

二、烧焦物

烧焦物在蒸烤箱内最易出现，其实市面上有专门的烤箱清洁剂，可以用来清洁烤箱、微波炉的内部，一些厨房用清洁膏也可以去除烧焦物。不严重的烧焦物可以用小苏打粉调成黏稠状湿敷后擦洗。（参照“如何去厨房油垢”中介绍的湿敷法。）

其他一些锅具内部的焦痕可用煮洗法。（在“厨房器具的清洁”里面有详细介绍。）

三、水垢

这些和食物接触的水垢用白醋、柠檬酸煮洗或用热水浸泡洗就能完全去除。局部缝隙积累的水垢可用纳米海绵加柠檬酸擦洗。（除水垢方法在“如何去水垢”中有详细叙述。）

四、食物染色

清洁膏、氧净搭配纳米海绵可以解决大部分的食物染色问题。轻度染色用小苏打和纳米海绵就可去除，太严重的染色则需要用厨房专用漂白剂。

常见材质清洗方法：

①一些镀锌材料（对大多数清洁剂敏感，会发生化学反应），一旦有污渍建议立刻用洗洁精或中性清洁膏处理，否则时间长了就会留下不能完全去除的印记，那样只能用金刚砂、钢丝棉等工具，依靠物理摩擦去除。

烤箱中的镀锌烤盘和内部

涂层烤盘

②涂层材料不要使用粗糙面工具反复摩擦，那样容易擦花涂层，清洗时尽量选用浸泡法和湿敷法（在“如何去厨房油垢”中有介绍），利用清洁剂软化污垢后，就不需要大力擦洗了。

③一般小家电的外壳用小苏打加纳米海绵就能清洗干净。

④一些简单的咖啡渍、茶渍用小苏打或牙膏就能去除。

⑤玻璃制品用柠檬酸就能清洗得闪闪发亮。

⑥微波炉内部可放入一碗白醋水加热几分钟，再用抹布擦拭内部，可以清除不太严重的污渍。

⑦一些不锈钢容器用柠檬酸浸泡后擦洗就能保持光泽。

⑧在清洗这些小家电时要利用一些小工具来清理缝隙处，比如缝隙棒、缝隙刷、牙刷、塑料铲。（塑料铲可铲除一些厚的附着物，为了避免刮伤，可以用布包裹铲头位置后使用。）

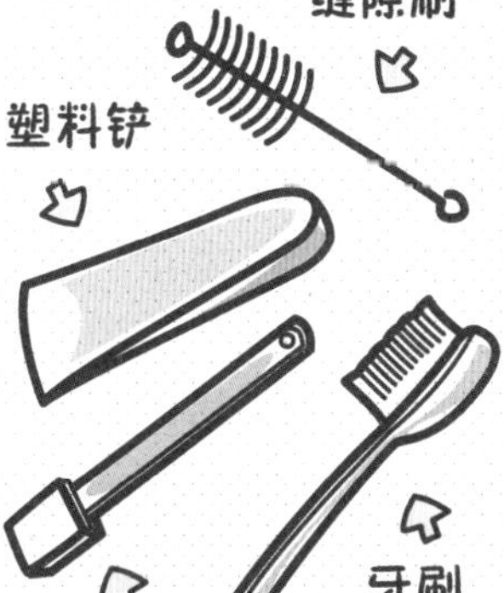

冰箱的清洁

用到的清洁剂：

①小苏打 ②除霉啫喱
③清洁膏（种类很多，洗洁精亦可）

清洁工具：

①一次性湿巾
②吸水抹布
③纳米海绵

以下步骤每月重复一次为佳，以保持冰箱内部卫生。

清洁步骤:

①先检查冰箱门密封圈，如果发霉，将除霉啫喱涂在发霉处，静置一夜后再擦洗干净。

大部分冰箱门的密封条都可拆卸

只有 50 °C 以上的热水才能把我彻底化开哦。

②断电后把所有能拿出的部件全部拿出来，用 50 °C 的热水将小苏打化开（8g 小苏打兑 1L 水），用小苏打水浸泡和擦洗冰箱部件。

③擦洗干净后，用干燥的吸水抹布擦干或者自然晾干。（擦干不易留水痕。）

吸水抹布可以用超细纤维材质的，吸水好、不易掉毛

④另外准备小苏打水，用来擦拭冰箱内部，如有难以去除的污渍，可以用纳米海绵蘸取清洁膏或者洗洁精局部擦洗。

⑤冰箱外部可以用厨房一次性湿巾清洁，此类湿巾都含有清洁剂成分，擦除冰箱表面留下的顽固污渍很方便。（不太脏的表面直接用小苏打水擦拭即可。）

⑥最后别忘记冰箱顶部及后面一些凸起部位和电线的部分，这些地方都需擦干净。擦净后可以在冰箱顶部可以放一张厨房垫纸来防灰，然后将其他部件放回原处。

➪ 纱窗的清洁

➪ 纱窗按材质可分为两种：

① 普通纱网纱窗
② 金刚网纱窗

金刚不坏身
坏蛋进不来
宝宝逃不走
保护人安全

金刚网材质为 304 不锈钢，外表采用静电喷涂处理，抗剪，抗破坏力强，特别适合防盗和防护。普通纱网和金刚网的清洁方法是一样的。

➪ 但在讲清洁方法前，还要再进行一次分类，这次按式样来分：

①轨道推拉式纱窗（推荐）

②外开窗式纱窗（可拆但比较麻烦，推荐）

③隐形纱窗（固定不能拆卸，不推荐）

简单来说
分为可拆卸和不可拆卸两种：

可拆卸纱窗的清洁方式很简单，定期拆下来放入淋浴龙头下冲洗，用热水配合刷子和浴室清洁剂双面刷洗，就能清理得很干净，特别脏的污垢用纳米海绵和清洁膏就能去除。（周期不超过两个月一次为佳。）

不可拆卸的纱窗需要分级清理

一级清理就是日常打扫，这个周期可以设定为 10 天到半个月。

①用平板拖把夹住湿的超细纤维抹布，反复擦拭，直至无脏物为止。

②先用免洗擦窗器把灰尘刷干净，再用湿抹布擦即可。

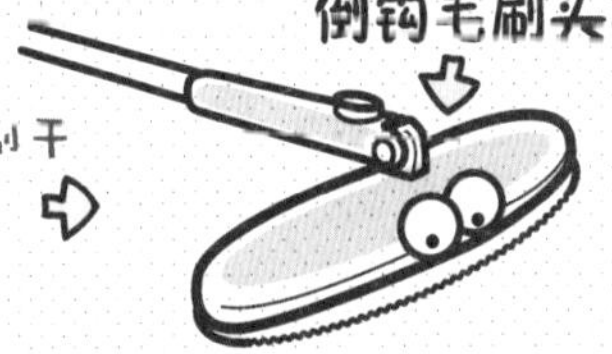

③我的方法较特别，每当下雨我就开始擦纱窗，雨水打到纱窗上，立刻用平板拖把夹湿抹布擦，很容易就清理干净啦。

二级清理就是定期大清理，把一级清理中没彻底清理到的部分弄干净。一般每季度进行一次。

①把抹布用浴室清洁剂加水稀释后的溶液打湿，反复擦拭纱窗，直到抹布上没有脏物为止，最后用蘸清水的湿抹布擦一遍即可。

②厨房纱窗上的油垢特别厚怎么办？一是用蒸汽机把油垢软化后再擦洗；二是喷上油污净或者氧净（55℃的水、8%的浓度配比），配合纳米海绵擦洗，这样也能把有油垢的纱窗大体上清理干净。（这个方法对被厚厚的尘土覆盖的纱窗也适用。）

这里再简单说一下窗户的清洁。

窗户需要清理的部分有：
①玻璃 ②窗框 ③沟槽

我们需要按步骤来：

①清理玻璃。将玻璃水喷在玻璃上，用水刮刮干净，最后再用鱼鳞布擦干净（鱼鳞布要干用，它是抛光小能手）。这里需要提醒高层住户，为了自己和他人的安全，不要人工擦户外部分，可以买擦窗机器人，或请专业人士上门服务。

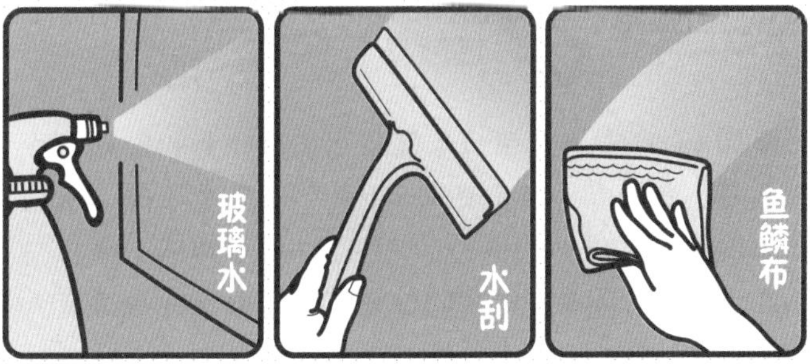

②擦窗框。用超细纤维布蘸取玻璃水擦拭即可，如有局部污渍可以用纳米海绵加清洁膏去除。

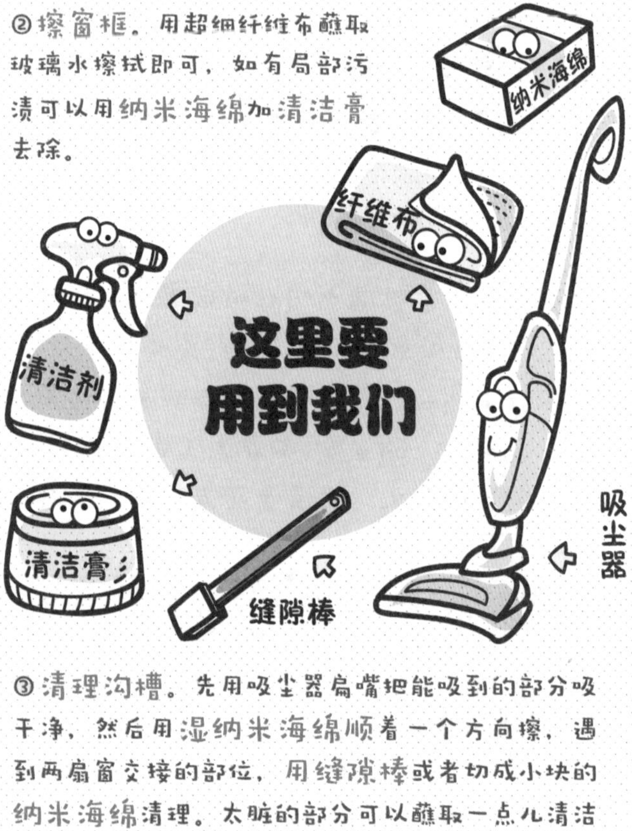

③清理沟槽。先用吸尘器扁嘴把能吸到的部分吸干净，然后用湿纳米海绵顺着一个方向擦，遇到两扇窗交接的部位，用缝隙棒或者切成小块的纳米海绵清理。太脏的部分可以蘸取一点儿清洁膏擦除。

阳台上的纱窗

衣物的清洁

衣物按材质可大致分为三类：

①天然纤维

棉麻、羊毛、蚕丝等都属于天然纤维。

②人造纤维

聚酯纤维、醋酸纤维、莱赛尔纤维（天丝）、聚丙烯纤维、超细纤维等都是人造纤维。

③混纺

混纺就是把多种纤维混合起来，利用各自特性制成的布料。

种类太多啦！

种类太多，很难尽述。这篇从污渍角度介绍清洁方法，更易掌握。

需先说明两点：

①羊毛、羊绒等毛织品，蚕丝，醋酸纤维等特殊面料，需送到专业清洗店进行清洗。

②不要试图混合多种清洁剂。一是很多洗衣产品中的成分会互相抑制，即便名字相同，不同品牌的产品成分都有可能有出入；二是由于成分复杂，很可能引起化学反应，引起使用者中毒或者损坏衣物。

洗衣都有正确的洗衣程序，按照程序清洗能解决大多数问题，如果遇到顽固污渍不要勉强，反复煮洗和暴力搓洗只会严重损伤衣物。

下面开始正确的洗衣程序吧！

一、重点污渍清洗。衣服全部下水前，需要把一些特别脏的重点部位清洗干净。

①果汁类污渍

不能用含碱的清洁剂，否则很容易导致污渍发生反应变蓝而更难清洁，可喷上羽绒服干洗剂、布艺沙发干洗剂等产品后再搓洗。

②酱汁、咖啡、茶水等食物类污渍

可在干衣状态下将污渍喷上衣领净或衣物去斑剂，静置一会儿后搓干净。清洁剂不要用水稀释，衣物不用打湿。

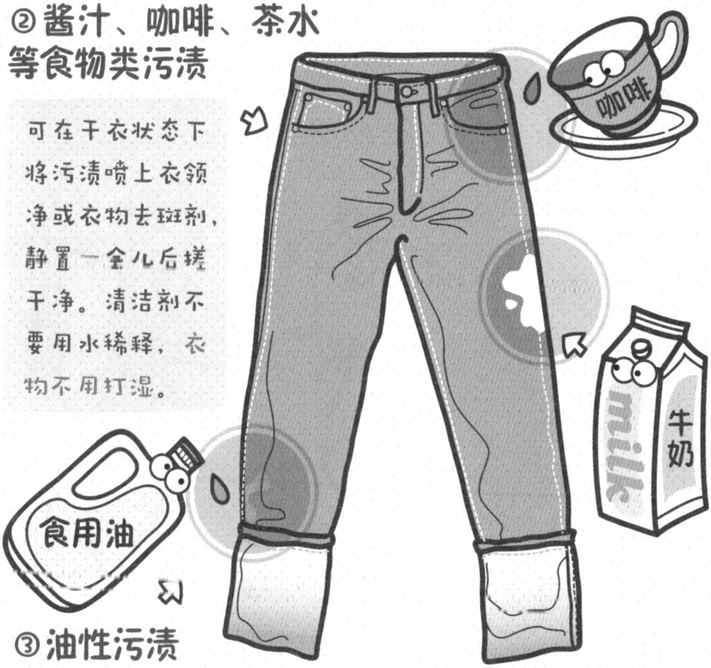

③油性污渍

洗洁精可以溶解油垢，用调成糊的氧净湿敷能去除陈旧油渍（但同时会轻度损伤衣物）。

④蛋白质类污渍，如牛奶、血渍等

用衣领净搭配专业去血渍产品冷水洗涤（不可用热水，热水会造成蛋白质凝固而使污渍更难洗）。

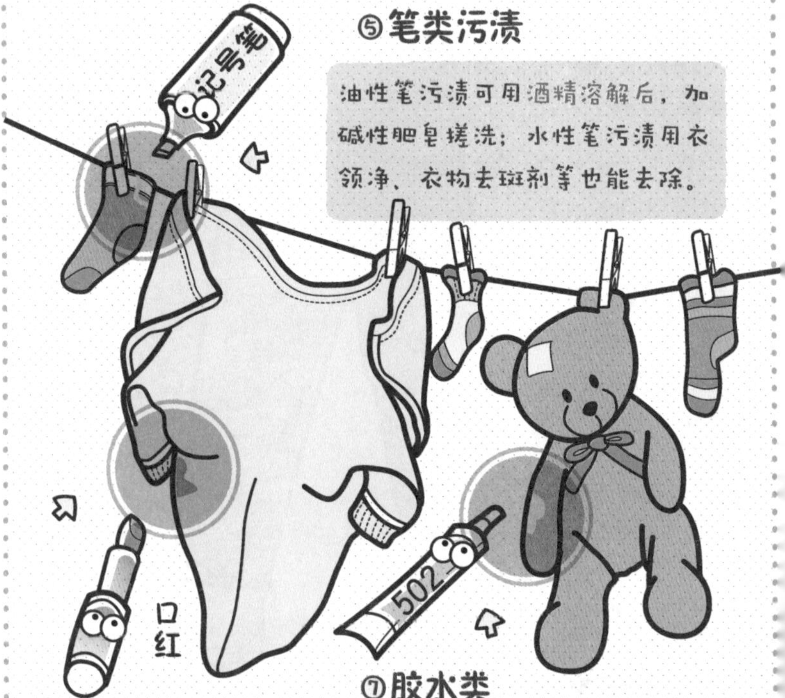

⑤笔类污渍

油性笔污渍可用酒精溶解后，加碱性肥皂搓洗；水性笔污渍用衣领净、衣物去斑剂等也能去除。

⑦胶水类

胶水没干的时候可滴上风油精搓洗，再用碱性肥皂二次搓洗；干了的话需要再滴一滴胶水来软化已经固化的部位，然后重复滴风油精和用肥皂搓洗的步骤。

⑥化妆品类

先用卸妆液使之溶解，清洗干净后再用衣领净搓洗干净。

二、重点污渍处理后用加酶洗衣液按照正常步骤水洗。

三、洗完后，如还有顽固污渍，可使用漂白产品。

漂白产品

氯系

以次氯酸钠为主的漂白水，适合白色织物，以冷水稀释后使用，氧化能力非常强，会对衣物产生较大的伤害。

氧系

以过氧化氢为主的活氧漂白，适合包含彩色衣物在内的大部分织物。相对于氯系产品来说，氧系较温和，但也是氧化类产品，须严格按照说明书，用热水稀释后使用。

需要注意的是，氯系漂白产品不能和氧系漂白产品同时使用，也不能和酸性清洁剂混合使用。

四、漂白后用清水投洗干净晾干即可。

阳光中的紫外线也具有漂白褪色的功能。虽然长时间日照会使白色衣物泛黄，但短时间的晾晒有助于白色衣物上的污渍变浅。

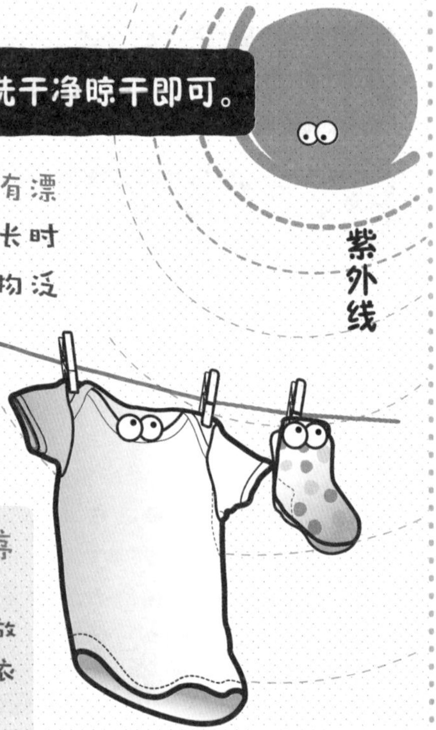

日常衣物的清洗程序很简单：搓洗重点污渍，然后依次放入消毒剂（放入洗衣机预洗格）、洗衣液、柔顺剂即可。

深色、浅色需分开洗，毛巾、毯子类纤维较多的织物单独洗。对于部分娇贵的衣物，如能水洗尽量都放入洗衣袋，选择对应程序单独清洗。

除了可以水洗的衣物外，还有一些无法水洗或较难拆卸的普通棉质或人造纤维的地毯、沙发套等，可以买布艺干洗剂进行喷涂刷洗。

步骤如下：

在干燥织物上喷干洗剂，静置后用软毛刷子刷，边刷边用湿毛巾擦去残留的干洗剂，再用干净的湿毛刷刷几遍，最后用湿毛巾擦拭至无泡沫状态，及时用电吹风低温挡吹干，避免留下水痕（一些床垫上的污渍也可以这样处理）。羽绒服不能常用水洗，可购买羽绒服干洗剂，步骤同上。

再简单讲解一下窗帘的清洁。

展开后，
使用吸尘器处理
是个好办法

①不能水洗的窗帘（购买时要询问清楚），尽量送至干洗店干洗。平时可用吸尘器吸掉窗帘上吸附的灰尘纤维，局部污渍可用布艺干洗剂处理。

可机洗的窗帘，
脱水要选择低转速

②可以水洗的窗帘，机洗时最好选择冷水，并保持低转速脱水。因为低转速保留的水分比较多，这样窗帘不容易缩水和起皱。拿出后直接悬挂在窗帘杆上晾干，重力拉伸也能避免窗帘缩水和起皱。

➡ 洗衣机的清洁

市面上有两种洗衣机

① 滚筒洗衣机

② 波轮洗衣机

用到的清洁剂

①洗衣机槽清洁剂 ②除霉啫喱

③小苏打 ④普通清洁剂

清洁工具

①吸水抹布 ②棉签

③纳米海绵 ④缝隙刷或缝隙棒

下面介绍的清洁步骤，每月要进行一次呢。

一、滚筒洗衣机的清洁方法

第1步：

①打开洗衣机右下角的过滤网（有的洗衣机需要用硬币撬一下），旋开内部旋钮前，在过滤器下面放一个扁盘之类的容器，用来接打开后涌出的废水。

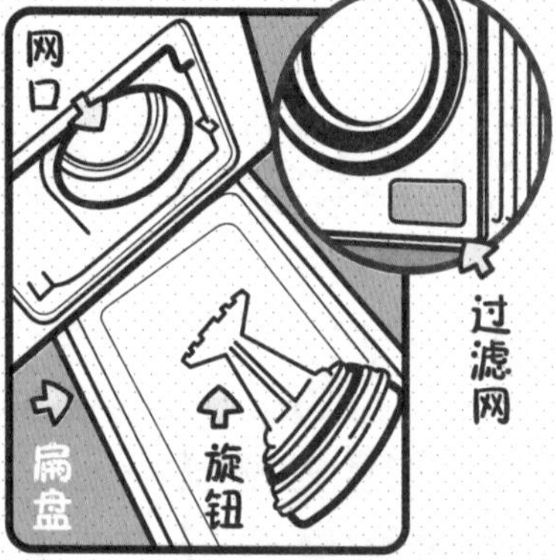

②拔出旋钮，用普通清洁剂和小苏打加水刷洗干净（如旋钮已发霉，请涂上除霉啫喱覆盖后静置一夜，待发霉部分消除后再清洗）。

③用抹布或者刷子蘸取清洁剂把过滤器内部擦洗干净，然后还原。

第2步：

①把左上方的洗衣液盒打开，按一下中后侧的卡口，把洗衣液盒整个拿出来。

②洗衣液盒内的蓝色部分也可拆分。不同的洗衣机会有差别，请参考说明书。

③依旧用清洁剂加小苏打，纳米海绵配合小刷子，把洗衣液盒刷洗干净。（如出现严重发霉的情况，可参考第一步发霉部分的处理方式。）

④别忘记抽出洗衣液盒后的空腔部分，这里同样需要用清洁剂擦洗干净。

⑤全部清洗干净后擦干还原。

第3步：

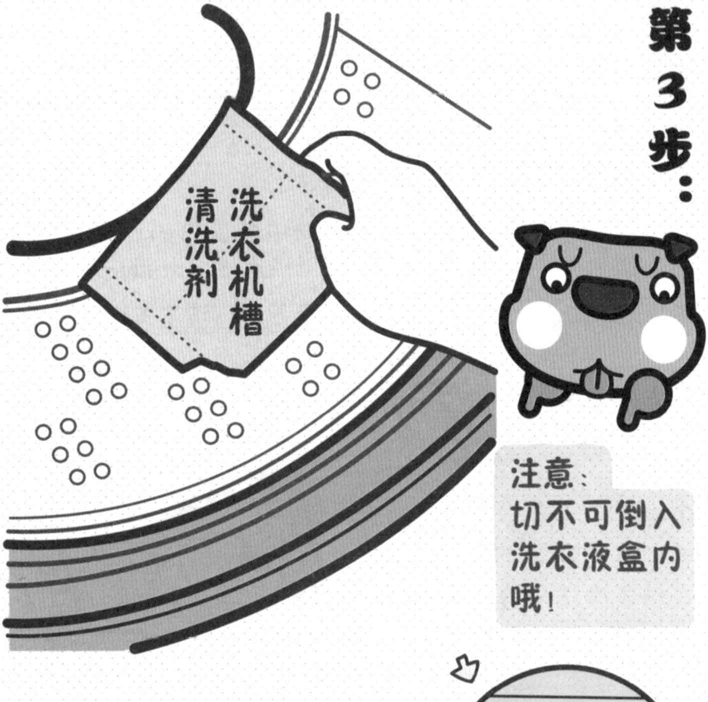

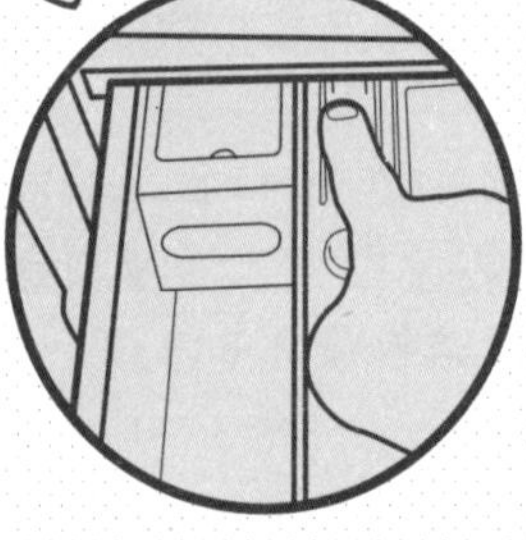

把洗衣机槽清洗剂直接倒入滚筒内进行内部清洗（这里要仔细看洗衣机槽清洗剂说明书，不同产品会有出入，但切记不要把洗衣机槽清洗剂倒入洗衣液盒中使用）。

第4步：

硅胶密封圈如发霉严重，可请客服上门更换。

①用洗衣机槽清洗剂清洗完毕后，打开机门，观察一下硅胶密封圈的情况，如果有发霉现象可参考第一步处理，如果是干净的，用一块吸水性较好的干抹布把整个密封圈擦干。

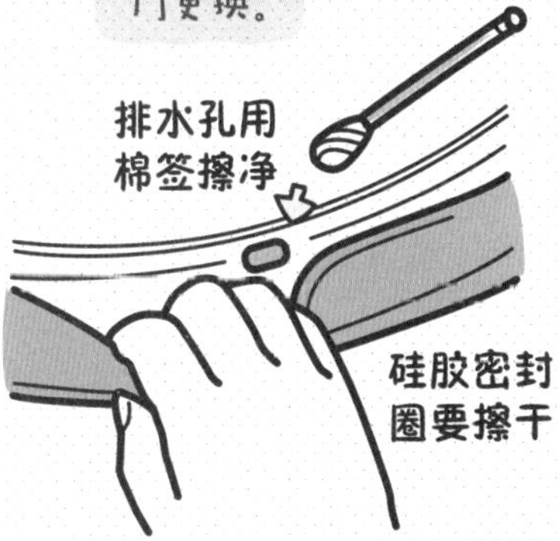

②继续用抹布把门擦干，用棉棒或者缝隙棒把细小的地方擦干净，避免发霉和堆积污垢。

③别忘记顺手把机器表面擦干净，如有难以擦除的重点污垢，用纳米海绵蘸取清洁剂就能轻松去除。

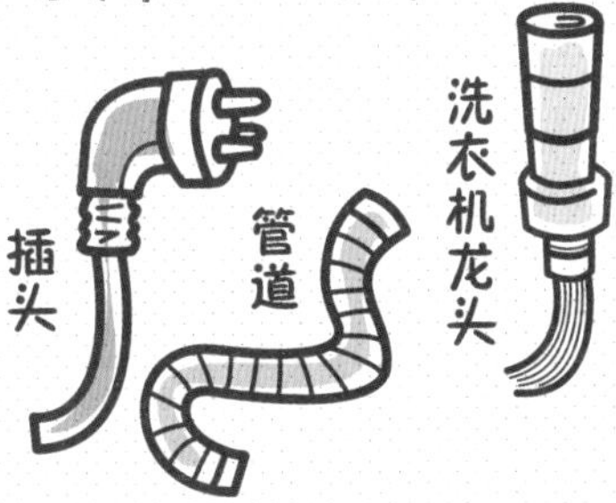

④最后把露在外面的管道和水龙头擦拭干净，打开机门把内部自然晾干就大功告成了。

二、波轮洗衣机的清洁方法

波轮洗衣机的清洁方法和滚筒洗衣机大致相同，区别在于滚筒洗衣机右下方有过滤器，而波轮洗衣机内部有集毛器须拆洗，清洗方法和过滤器相似。

有的洗衣机长时间不清洗，内筒和外筒夹层会积攒很厚的污垢，此时需要用洗衣机槽清洗液重复洗几次，最后放入一块毛巾，选择标准程序，不加任何清洗剂，用清水洗一次。

如果洗衣机实在太脏，就需要请客服上门拆机清洗了。

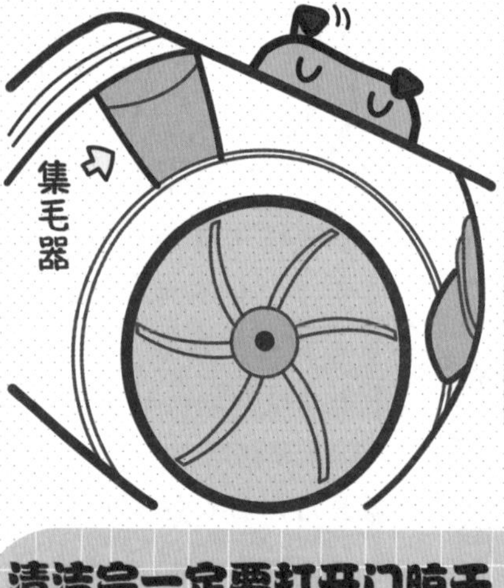

清洁完一定要打开门晾干，不然很易滋生细菌，甚至发霉。

➪ 书籍的保养

书籍最怕的几个敌人

①灰尘 ②油污汗渍

③长年累月的日照

④蠹虫 ⑤霉菌

所以应对的方法就是……

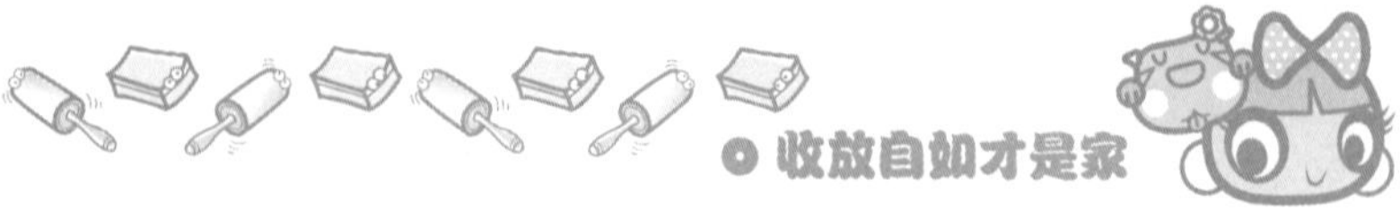

应对方法：

①定期掸尘。

②看书前应洗净双手，看完书最好也洗一次手。

③存储时避开日光。这里需要说明的一点是，把书短时间置于阳光下伤害并不大，只有长年累月的日照才会使书变黄、变脆、脱胶。

④时常翻阅可以避免蠹虫蚕食和发霉，长时间不看的书应定期拿出来放到通风的地方吹一吹。

注意：

①看书时，看到中间的时候不要拉得太开或压得太紧，特别是一些厚重的书籍，如果装帧方式不当就容易脱线、散架。

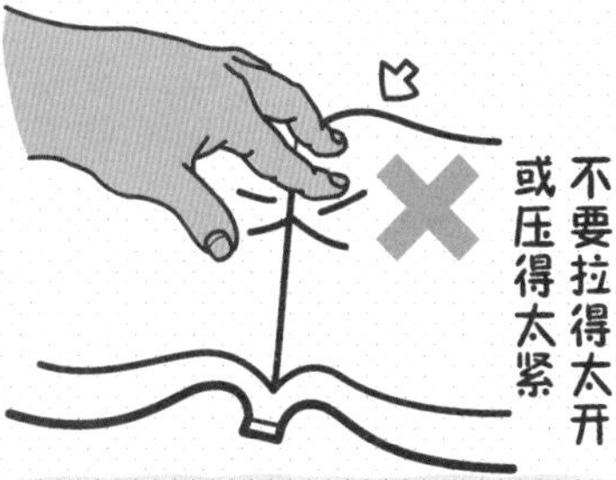

②拿取时，不要将力量集中在书脊边的一个点，沿上拉出，要用整个手掌把力量集中在几个点，然后用力把书整本拿出。

③翻阅时，尽量不要用拇指和食指捏着翻过去，否则容易卷角和留下汗渍、皮屑等污渍。

④书衣不要丢掉，它可以保护内部，减少磨损，有保存价值的书更不能缺少书衣。

牛皮纸书衣透气性好，也可回收再利用

塑料外壳老化后容易和书页粘连，造成书的损伤。

贴好标签

⑤不要用塑料外壳把书包起来，可以用牛皮纸包好后贴上书名、作者标签，这种书衣要比塑料制品透气。

以上方式都只是针对普通书籍，有收藏价值的珍贵书籍的处理方式是完全不同的，比如，用玻璃罩封闭保存，损坏后应送去专业修补店修补，拿取要特别小心，最好戴上手套，等等。

我的书房，
最爱的“居心地”

家务时间表

做家务要分级处理，
不必每日都面面俱到，
但也不能堆积数月才猛做一次。

把家务分成：

- **日清洁**（日常打扫）
- **周清洁**
- **月清洁**
- **季度清洁**

分级处理，把工作分摊到每一天，这样不会有疲惫感。一次做太多家务会让人产生厌恶、惧怕之感，从而无法坚持，但每天搞定一点儿，不知不觉中就都做完了。

日清洁

1. 收拾床铺。
2. 给家具和暴露在外的物品掸尘。
3. 地面吸尘、拖地。
4. 地毯吸尘、滚筒除尘。
5. 晚饭后收拾干净厨房及地面，将抹布用氧净泡上，第二天搓洗，清空垃圾桶。
6. 清理卫生间（淋浴房及时刮水擦干，干区地面、洗脸池、马桶整理干净）。
7. 洗完衣服及时擦干滚筒洗衣机密封圈。
8. 睡前物归原位。

日清洁就是每天进行的日常清洁，主要是把当天弄乱、弄脏的部分整理洗净，做到睡前所有物品回归原位，如果能坚持这样的日常习惯，就能最大限度地保持家中的整洁。

周清洁

1. 清洗床上用品，晾晒被褥。
2. 泡洗厨房暴露在外的小件（挂钩、煤气灶搁架、挂篮、油烟机滤网等）。
3. 把一周穿过的鞋子做简单的刷洗打理。
4. 马桶内外彻底消毒一次（包括将马桶刷浸泡消毒）。
5. 清洗一到两种玩具。
6. 检查隔夜衣物，保持数量，多余的及时清洗。
7. 检查下水道，及时疏通保养。

周清洁就是每周需要进行一次的清洁任务，一般周清洁都和日清洁相结合，周一到周日共7天，每天一个项目，如此循环。

月清洁

1. 顶棚

墙壁高处四角、墙壁交接处掸尘。

2. 玄关

仔细清洁平时清洁不到的死角，清洗地垫，擦鞋柜。

3. 餐厅

擦拭灯具，清洗桌布、桌旗，清洁平时擦不到的餐桌、餐椅的背面。

4. 茶水台

给水壶去水垢，清洗咖啡机，清理抽屉、橱柜。

5. 客厅

擦拭灯具、挂画、饰品，给窗帘吸尘，清洗壁挂空调的过滤网，擦洗沙发背后、沙发套，清理电视柜及墙壁死角。

6. 卧室

擦拭灯具、壁挂空调，给窗帘吸尘，清洗局部窗帘污渍，清理电视柜、床、床头柜背后及墙壁死角。

7. 衣帽间

整理衣帽间，保持衣物数量和橱柜内整洁。

8. 书房

擦拭书柜，清理电脑平时擦不到的地方，整理抽屉和文具。

9. 卫生间

擦拭顶棚、浴霸、灯具，彻底清洗浴缸、淋浴房、洗脸池及死角。

10. 厨房

擦拭顶棚、灯具、油烟机上平时忽略的位置、柜子门板和内部，以及平时擦拭不到的高处墙壁及死角。

11. 收拾阳台。

12. 清洗冰箱、洗衣机、烤箱等家电。

13. 清洗小件物品，如鞋刷、衣刷、吸尘器等。

月清洁依各家情况而定，可以两个月左右轮一次，面积小的空间会清理得快一些，每天量不要大，每一项控制在 30 分钟内解决，厨房可以用 4 天或更长的时间分区域清理，每天清理一点点（太累的话也可以歇一天），太长时间或者太大的工作量不利于坚持。

➪ 季度清洁

1. 清洗窗帘和地毯。
2. 擦窗户（不需要一次完成，可以把窗户按区域划分，每天擦一个区域，这样就不会太累了），洗纱窗。
3. 将床垫翻面，吸尘除螨。
4. 清理书籍（掸尘、通风、保养）。
5. 请专业人员上门清洗油烟机和空调。

关于季度清洁，大家可以根据需要来制定周期，可以半年一次，也可以每季度一次，所有扫除工作遵循从上到下、从内到外的原则。

你会在整洁的卧室中醒来，在窗明几净的厨房里烹饪，在不凌乱的餐桌前就餐，在有序的玄关处穿衣，让每一天都从愉悦的心情开始吧。

番外篇

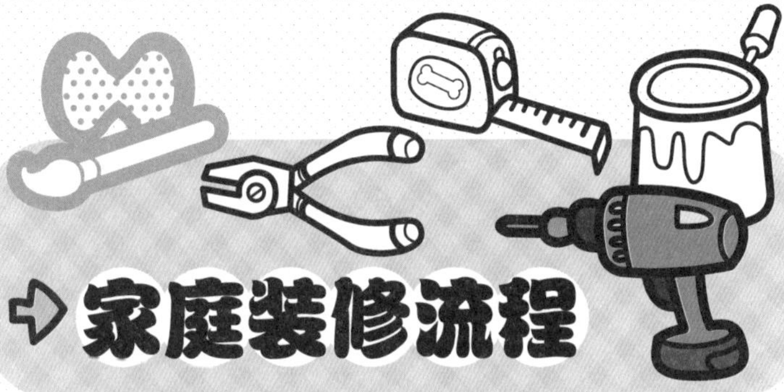

➪ 家庭装修流程

步骤1 敲定设计师和装修公司

首先把设计师和装修公司敲定，同时让装修公司把一些基础材料的量计算一下，如瓷砖面积等。

步骤2

观察屋况，分清责任

在物业登记后，首先检查靠外的墙面有无渗水处（顶楼和靠边套，此步骤尤其重要，如果是二手房，拆旧后仔细检查厨房、卫生间、顶部楼上是否渗水）。如有，让物业补好防水，再检查所有属于物业该负责的项目，如有破损，让物业全部补好，否则项目工程队进场后，责任就分不清了。

步骤3

改墙体、砸墙等

改墙体、砸墙、挖洞（注意是否为非承重墙面），如需拆除和定做铝合金窗户，也要同时进行。

步骤4

水电改造

①先做电路的部分，此步最好大体定下家具的基本尺寸，同时可以进场粗量厨房、橱柜的尺寸，讨论一下厨房插座的数量和位置（此时需要考虑净水系统、洗碗机、垃圾处理器等电器的插座）。插座部分务必仔细做功课，结合家具尺寸、生活习惯、电器摆放位置等实际情况，和装修公司进行详细策划。

②接下来做水路部分。一般做电路的时候就会把水路管道一起开槽，水路通常较简单，但如果有净水、软水、热水循环系统，或者要装壁挂式洗衣机，就需要提前考虑。

③同时安装中央空调和新风系统。安装这部分时需要和设计师商量一下，看一下吊顶和图纸的尺寸是否有出入，开关位置也须沟通到位。

步骤5

防水记得刷两遍

①卫生间地面全做防水，建议所有墙面也都刷满防水涂料，既然刷了，不如刷得彻底点儿。然后做24小时的闭水试验。（如卫生间需回填，填好后再刷一遍防水涂料。）

②厨房地面全做防水，墙面防水做到50cm高就可以了。

③阳台、地面和外墙内侧都刷满防水涂料。

步骤6

木工进场

开始做固定区域的木工活，如壁橱、吊顶、包柱和一些造型（木工进场的同时可以去挑选瓷砖了）。有地暖的房子，在大部分木工活结束时可以开始铺设管线。铺设前先大概打扫一下地面，免得有硬物损坏管线。

步骤7

瓦工进场

贴瓷砖前先将墙固、地固做好，然后开始贴。此时可以进行封窗程序，因为一些窗户和窗台的交会需要二者协调，选择大理石窗台的话，也可以同步进行。

请橱柜公司上门正式测量、设计橱柜、衣柜、浴室柜等，同时购买乳胶漆、墙纸、木地板、门等。

各种洁具、灯具、浴霸、插座开关、厨房电器（油烟机、煤气灶、热水器、洗碗机、嵌入式电器、净水系统、垃圾处理器等）也可以开始购买，然后将这些用品的尺寸告知橱柜设计人员。

步骤8

油漆工进场

墙面找平➪两遍腻子➪处理墙角➪一遍底漆➪两遍面漆／墙纸基膜刷好。

步骤9 安装厨卫吊顶、灯具等

安装厨卫吊顶、灯具、浴霸，电热水器需要在做吊顶前安装好。

步骤10 安装橱柜

安装橱柜，同时装好水槽，然后预约安装烟灶等其他厨房设备。

步骤11 安装木门

步骤12 安装地板、踢脚线

安装地板、踢脚线前先清理一下地面（如果有龙骨，在装龙骨的前后都需要打扫一下）。

步骤13 贴壁纸

步骤14 安装洁具、马桶等

安装洁具、马桶、浴室柜，同时预约安装衣帽间衣柜。

步骤15 安装插座、灯具等

安装开关插座和灯具，以及五金件和窗帘杆。

步骤16 打扫卫生

步骤17 家具、家电进场

同时购买软装物品和绿植。

步骤18 环保检测和通风散味

家庭的日常消毒

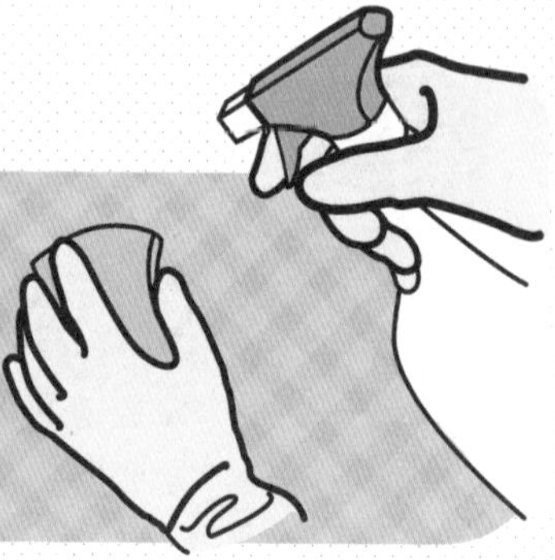

除了日清洁、周清洁、月清洁、季度清洁外，家里也需要定期消毒，以保持家里的环境卫生。

消毒也有讲究，不是买瓶消毒液到处喷洒，或是用消毒液清洗、浸泡织物就可以了。滥用消毒剂会造成家中微生物的失衡，使细菌产生抗药性，这样家反而会变成顽固病菌的培养基地。

因此，家庭消毒需要正确的方法。

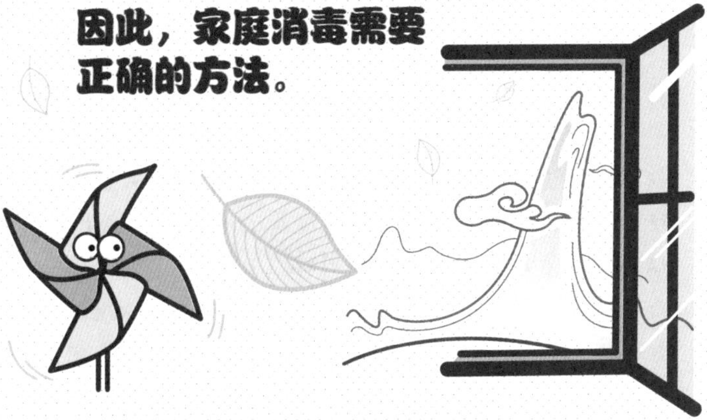

一、改善家中空气

① 自然通风就能起到很好的改善作用。

早上10点左右打开前后窗对流通风15分钟，就能把整个房间的空气全部更换一遍。在户外空气质量好的时候，这是最简便有效的方法。中午和下午再择时各通风一次，每日做到三次对流通风。

除了对流通风外，我建议在白天空气良好时，将朝南的窗户全天开启，这对装修产生的空气污染物有很好的稀释作用，能使我们的居家环境更安全。

② 雾霾天怎么办？

我建议在家中安装新风系统。注意：新风系统不是空气净化器，空气净化器只能净化屋内现有的空气，而不具备引入室外空气的功能。

新风系统是完全不同的模式，它会把室外空气过滤后送入室内，再把室内污染物浓度高的旧空气置换出去，从而保证室内外空气的不断循环。

看到这里，很多人会说那就不用开窗了，全部用新风系统不就行啦。在刚搬进新房的时候还是建议大家开窗通风，新风系统虽然好，但把整屋空气置换一次的速度远远比不上开窗，可能还没等你置换完新空气，旧空气中污染物的浓度就又高了。

对于住久了的屋子，我们可以采用新风系统和开窗通风交替进行，空气好时可以开窗通风，平时靠新风系统。因为新风系统的过滤能力强，使用后家里的灰尘会特别少。

③ 没有安装中央新风系统，怎么办？

我们可以安装壁挂新风系统，只要家里有对外的墙壁，就可以打洞安装，有适合各种住宅面积的机器型号可供选择。

二、床品的清洁消毒

① 床上用品的清洗频率

我家的床上用品是一周换洗一次，选择带除菌作用的洗衣液，不怕高温的面料可以选择高温清洗，洗完在阳光下自然晒干或者烘干都可以。

② 床铺的每日整理

每天起床后，将被子贴身面翻开通风半小时，然后再整理床铺。

床铺的整理步骤：

a 先把被子拎起，抖干净摆在一旁；

b 用半潮抹布把床头、床侧快速擦一遍，擦掉浮尘和织物纤维；

c 用除尘滚筒将整床（包括枕头）滚一遍（对螨虫过敏的人可以考虑用除螨仪）；

d 最后把被子按习惯整理好即可。

③ 定期晾晒被褥，定期给床垫除尘。

三、地面的消毒

我一直不提倡用消毒液清洁地面，尤其是有小宝宝的家庭，更不建议这样做。
因为用消毒液大面积地清洁地面会破坏家里的固有菌群，而孩子的健康成长是需要各种菌群参与的。另外，孩子喜欢在地上爬或者摸，这样就会不可避免地把消毒产品吃进嘴里，对孩子的肠道菌群特别不好。

① 如果家中没有患传染病的病人，外无重大疫情，每天用清水拖地就够了。

我们只要对玄关这样的小块区域重点消毒即可，用医用酒精或按比例稀释的 84 消毒液每日擦一遍，半小时后，再用清水反复擦干净。

② 即便外面出现重大疫情，我们如果没有去过传染区域，也无须过度消毒，只要对玄关和靠近玄关的半污染区重点消毒几次即可。

③ 只有在去过传染区域，同时无法判断是否把外部细菌带进室内的情况下，才需要及时对整个地面进行喷洒消毒。这项消毒工作需要非常仔细，每块区域都必须照顾到。

在给地面消毒时，尤其要注意鞋底，进门后一定要先把鞋底清理干净，喷上消毒产品。日常我们可以用消毒湿巾把鞋底擦拭干净再放入鞋柜。

四、快递及蔬菜的清洁

① 平日拿快递无须特意消毒，拆完快递后及时洗手更重要。

② 购买的蔬菜不要乱放，快速拿进厨房重新包裹和清洗，分类放置。不吃生食，水果清洗后削皮，安置好蔬菜后及时洗手就不会出问题。

五、外出衣帽的消毒

一般情况下，我们外出穿戴的衣帽只要掸尘后挂在玄关即可。

如果去过医院这样的地方，回家后把外套挂在通风好的阳台，自然晾晒一段时间就可以了。

去过污染区或者接触过传染病人的话，回家后尽量用除菌洗衣液或者洗衣机高温挡及时清洗衣物，清洗后无须过度处置，晾干或烘干即可。

我们无须过度消毒衣物，每次回家都喷酒精对衣物伤害很大，84 消毒液这样的次氯酸钠产品更是不能用来喷洒衣物。市面上很多所谓的衣物消毒喷雾，并不能起到很好的消毒作用，但可以去除一部分衣物异味，可以有选择地购买这类产品。

六、家中重点部位消毒

家中有一些经常被触摸的部位，
确实是需要定期消毒的。

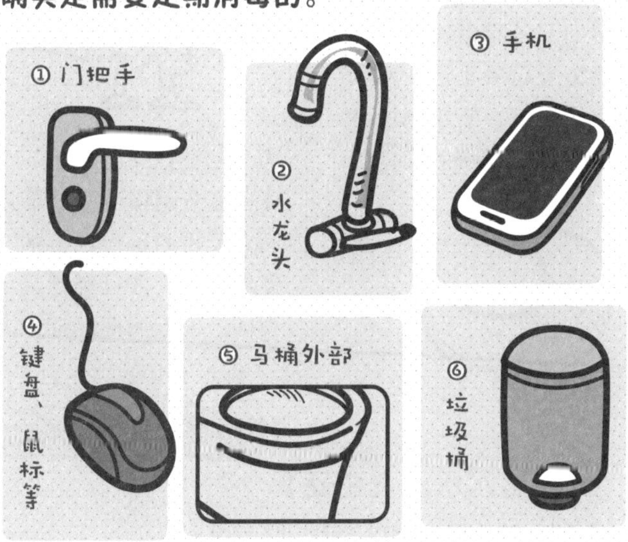

这些重点部位用 75% 的医用酒精擦拭就能有很好的消毒效果，用酒精擦拭后不要靠近火源，也不要在阳光下暴晒。（马桶内部用洁厕灵或者 84 消毒液清洁都可以，但二者不能混合使用。）

七、玩具的清洁

①塑料玩具

特别容易积攒污垢，是螨虫繁殖的乐园，所以需要勤洗。直接扔进洗衣机，洗后晒干即可。

② 毛绒玩具

特别容易积攒污垢，是螨虫繁殖的乐园，所以需要勤洗。直接扔进洗衣机，洗后晒干即可。

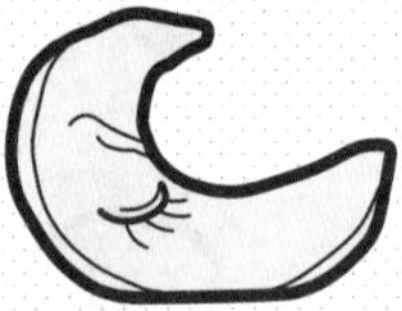

③ 不能入水清洗的玩具

毛绒类玩具用羽绒服干洗剂擦洗后，再用湿毛巾反复擦干净后晾干。

其他的玩具可以用湿毛巾擦净后晾干。

局部特别脏的玩具可以用含清洁剂的湿巾擦拭后，再用湿毛巾擦一遍后晾干。

八、抹布的消毒

抹布要分成两类：

① 厨房抹布

因为和吃的有关，要选用更安全的消毒产品。每天可用55℃水加氧净浸泡消毒，或者用小苏打加水煮洗。其他擦拭家具的抹布也可以采用同样的消毒法。

② 卫生间抹布

用含氯消毒液浸泡消毒。购买前一定要看说明，确定每一种消毒液的浸泡浓度，浓度低了起不到消毒作用，浓度高了对健康有害。

家庭日常消毒并不复杂，我们只要记住以下几点：

① 重点部位经常消毒。

② 大面积地面擦拭干净即可。

③ 衣物通风晾晒。

④ 在玄关处及时清理鞋底。

⑤ 室内常通风。

⑥ 任何消毒方式都不如及时洗手。

外出回家要洗手；

拿了快递要洗手；

处理生食要洗手；

饭前便后要洗手。

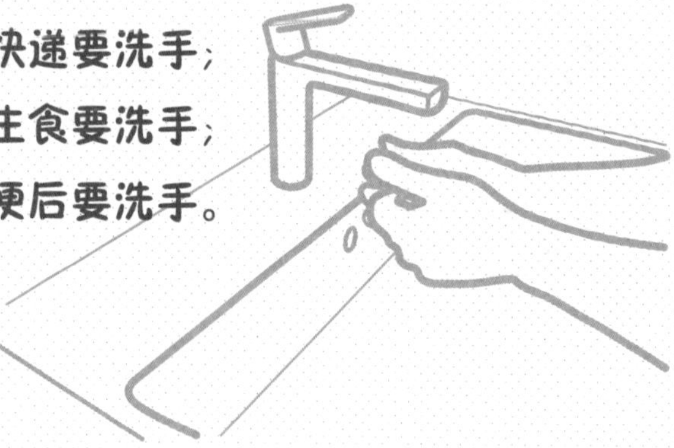

家用应急包

应急包要根据各地区的差异、住宅类型、楼层高度等来设定。

比如，我家位于华东地区，长江中下游冲积平原几乎没有地震的威胁，也不会有海啸，即便偶尔有台风，也不会持续很久，所以无须为这些突发状况做特别的准备。不过我家所在的楼层较高，防火比较重要，所以，我根据实际情况设定了防火应急包。

一、简易防火应急包

防火应急包里都有些什么呢？

1 小型灭火器

2 救生绳 消防钩

3 手电筒

4 消防手套

5 口哨

6 阻燃毯

毯子可用于阻燃、包裹、隔离，还可以保暖，有小孩子的家庭一定要备一个。

7 瓶装水x2

8 瑞士军刀

9 口罩（有条件的可准备防毒面具）

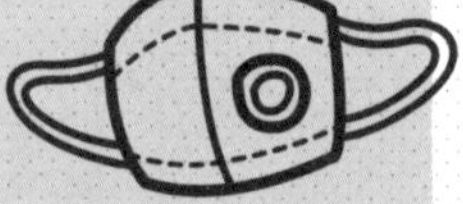

这个应急包只是普通的自备包，如有需要可购买专业应急包。

二、灾害应急包

这部分是参考了一些专业应急包的标准，仅供参照。如需配备，请购买专业装备，因为这样的应急包一辈子都不希望用上一次，但一旦用上就必须要起到作用，所以里面的物品一定要专业、可靠，不可以随意自制或者替换。

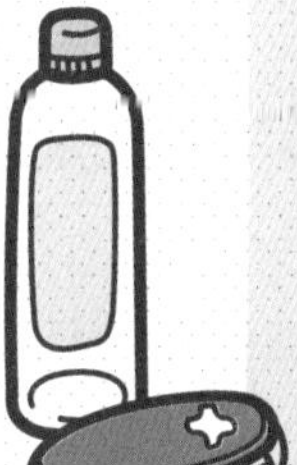

下页清单中的所有物品准备好后，要将应急包试背一次，看一下是否轻便，食物要定期检查保质期。
要确保家人都了解应急包的用途和存放位置。位置要根据每个家庭的行动路线来定，保证发生灾难时能迅速拿起带走即可。
重要的证件应和应急包组合收纳，有婴儿的家庭要考虑加入婴儿用品。

灾害应急包清单

1. 口哨、荧光棒、强光电筒、备用电池、应急蜡烛和防水火柴

2. 防水薄毯、一次性雨披、一次性帐篷、保鲜袋、一次性桌布

3. 水壶、金属小碗、数码产品防水袋

4. 救生绳、消防钩、瑞士军刀、手套

5. 医药包（绷带、消毒片、医用酒精湿巾、碘伏湿巾、药棉、纱布、医用口罩、创可贴、眼药水、海盐水、防蚊虫药、止泻药、抗生素、止痛药等）

6. 一次性内裤、袜子、一次性压缩洗脸巾、女性卫生用品、牙刷、牙膏

7. 瓶装水，保质期长、便于携带、无须烹饪的食品

8. 应急包（选择颜色鲜艳、轻便、结实的双肩包）

后记

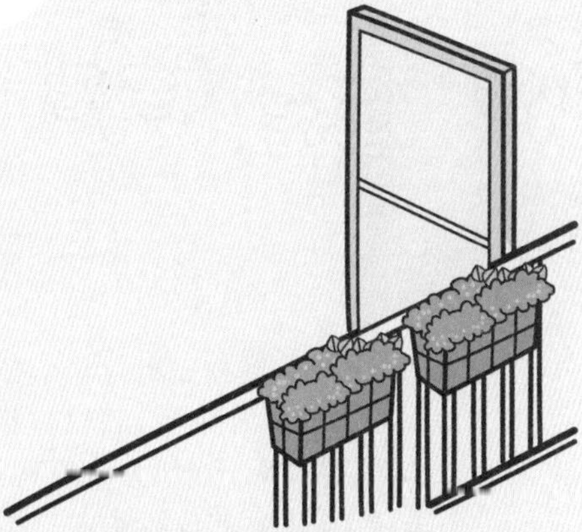

很多人问过我一个问题：你每天坚持高标准的清洁收纳，还随着四季的更迭变换软装和色彩，不会觉得枯燥生厌吗？

这个问题我虽然没有答复过，但静言思之，可曾有过一点儿烦倦？

答案是，从来没有，非但没有，我还乐享其中。

我每天五六点起床，然后开始做家务。清扫阳台花园时，临窗守望，怡然自得地享受着只有早起才能欣赏到的美景。

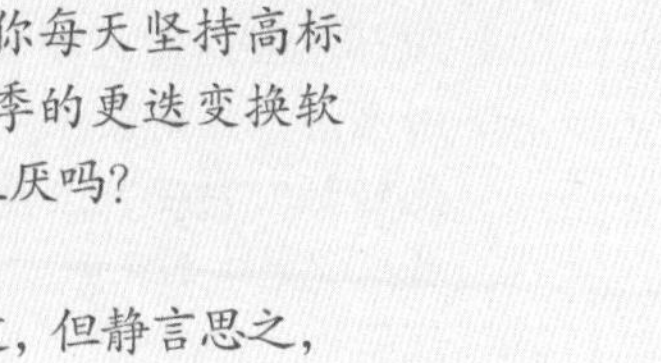

清晨的第一缕阳光射向窗台上的铸铁天使，在它的双翼间游走，滑过窗棂，驻足它的头顶，聚合成一个极美的光环。我不禁感慨，冥冥中竟如此的恰到好处。

阳台苏醒，晨光轻盈，影布其上。阳光轻洒在洁净的地板上、花台上，我忍不住赤足轻触，它带着温度，熨帖着我的心，这种感觉无法形容。

这是我和晨光的秘密。谁都不知道我和它有这样一个约会。

也许正是因为这一点，在朝夕家事间我从未懈怠过。

很多时候，我都沉浸在这样的欢愉中，所以再糟的局面也不会影响我。溅油的灶台、纷乱的房间、满是焦迹的锅具……尽管如此，一想到它们很快就可以恢复成我心中的样子，我都会在心中哼起歌儿来。

我有工作，有自己的工作室，还有一个上幼儿园的孩子。把琐碎变成希望，将辛劳化作热爱，于我而言，没有什么比一个洁净、温馨的家更重要。

我把自己的居家打理法分享给大家，将这种幸福感传递出去，希望能够唤起常被家事困扰的朋友对家的热爱。

2020年年初，我用了近六个月的时间整理书稿，最终如期交稿了。

我首先要感谢我的好友兼工作室合伙人@娜酱妈咪（微博）以及@维纳圈儿（微博）的支持，同为清洁达人及职业收纳师的她们，也一直在家的“收”“放”事业上不断奔跑。

这本小书得以完成，我最感谢的是我的先生，他在分担诸多家务的同时，还为本书的排版、形象设计做了大量的指导工作。

书中“我的小跟班”的形象，是为了纪念我的两条小狗，感谢它们伴我走过生命中最美好的15年。